高等职业教育飞机电子设备维修专业群新形态规划教材

电子产品生产与检测

主　编　李　恒　杨国辉　练　斌
副主编　林　文　欧阳斌　王　嘉　李铁葵

中国水利水电出版社
www.waterpub.com.cn
·北京·

内 容 提 要

本教材依据电子产品生产维修岗位对从业者电子产品生产与检测能力的要求，结合现阶段高职教育培养目标编写而成。

本教材共分为4个项目：电子产品的THT技术与工艺、电子产品的SMT技术与工艺、电子产品的质量检测与维修和电子产品生产过程中的静电防护。每个项目由若干任务组成，共11个任务，每个任务按照"任务描述"→"任务要求"→"知识链接"→"任务实施"→"思考题"的顺序组织内容，部分任务选取企业典型生产案例或载体，并配套活页式工卡。

本教材的编写遵循了理论联系实际和实用性原则，对接职业标准和岗位要求，使学习者与生产实际零距离对接。为了让学习者能够快速且有效地掌握核心知识和技能，也方便教师采用更有效或更新颖的教学模式（如线上线下的翻转课堂教学模式），本教材配有大量微课、动画，可以通过扫描书中的二维码观看教学视频，随扫随学。此外，本教材还提供了其他数字化课程教学资源，包括PPT教学课件、工卡、电子教案等。

本教材可作为高等院校、高职高专院校电子信息类相关专业的教材，也可作为社会上电子产品生产与检测的培训教材，同时还可供电子爱好者学习参考。

图书在版编目（CIP）数据

电子产品生产与检测 / 李恒，杨国辉，练斌主编
. -- 北京：中国水利水电出版社，2021.11
高等职业教育飞机电子设备维修专业群新形态规划教材
ISBN 978-7-5226-0216-5

Ⅰ．①电… Ⅱ．①李… ②杨… ③练… Ⅲ．①电子产品－生产工艺－高等职业教育－教材②电子产品－检测－高等职业教育－教材 Ⅳ．①TN05②TN06

中国版本图书馆CIP数据核字(2021)第219181号

策划编辑：周益丹	责任编辑：周益丹	封面设计：梁 燕

书　　名	高等职业教育飞机电子设备维修专业群新形态规划教材 **电子产品生产与检测** DIANZI CHANPIN SHENGCHAN YU JIANCE
作　　者	主编 李 恒 杨国辉 练 斌 副主编 林 文 欧阳斌 王 嘉 李铁葵
出版发行	中国水利水电出版社 （北京市海淀区玉渊潭南路1号D座 100038） 网址：www.waterpub.com.cn E-mail：mchannel@263.net（万水） 　　　　sales@waterpub.com.cn 电话：（010）68367658（营销中心）、82562819（万水）
经　　售	全国各地新华书店和相关出版物销售网点
排　　版	北京万水电子信息有限公司
印　　刷	三河市德贤弘印务有限公司
规　　格	184mm×260mm　16开本　16.75印张　367千字
版　　次	2021年11月第1版　2021年11月第1次印刷
印　　数	0001—2000册
定　　价	62.00元

前　言

　　《国家职业教育改革实施方案》提出："建设一大批校企'双元'合作开发的国家规划教材，倡导使用新型活页式、工作手册式教材并配套开发信息化资源。"本教材依据电子产品生产维修岗位对从业者电子产品生产与检测能力的要求，结合现阶段高职教育培养目标编写而成。

　　本教材依据"工学结合、任务驱动、教学做一体"的原则重构了4个项目、11个学习任务，在阐述电子产品生产过程中有关基础理念、基本操作、组装维护、自动化生产、质量检测、技术维修及生产管理等方面的相关知识的同时，重点阐述了电子产品的THT技术与工艺、电子产品的SMT技术与工艺、电子产品的质量检测与维修、电子产品生产过程中的静电防护。每个项目由2～3个学习任务组成，特别设置了"任务描述""任务要求""知识链接""任务实施""思考题"等环节，帮助学习者通过完成对应任务掌握岗位所需的知识能力。本教材具有以下特色：

　　1. 以能力为本位，重新调整教学内容

　　编者通过对电子产品生产企业的大量调研和走访，参阅相关国家职业标准，结合职业教育的特点，与企业专家一起有针对性地调整了教学内容。为了使教材能够充分反映当前国内外电子产品的生产制造水平，增加了大量岗位所需基础知识，如SMT生产工艺、贴片技术、回流焊接技术、静电防护等。

　　2. 以实用够用为原则，重构课程实践体系

　　本教材中的实训项目都配备了活页式工卡。活页式工卡的内容以企业典型生产案例和企业真实产品作为教学载体，符合工作岗位要求，符合各院校进行技能训练的需求，也方便教师对学生进行指导，同时注重理论与实践的结合，让学习者在"做中学、学中做"。

　　3. 以学习者为中心，进行教学设计、教材编写

　　本教材用通俗易懂的语言讲授复杂生涩的专业知识，同时将职业素养、工匠精神等思政元素巧妙地融入教材。作为新形态活页式教材，本教材配有微课、动画及课外知识点文字资料，学习者可以通过扫描二维码观看学习，实现数字化、碎片化和终身化学习的目标。

　　本教材由李恒、杨国辉、练斌任主编，林文、欧阳斌、王嘉、李铁葵任副主编，王志强、李兆楠、徐妍芳参与编写。长沙航空职业技术学院李恒、练斌、王嘉编写项目1和项目2，李恒、欧阳斌、李铁葵编写项目3，杨国辉、林文编写项目4，本教材配套数字化资

源由李恒、杨国辉、王志强、李兆楠、徐妍芳等教师共同开发。本教材在编写过程中得到了同行企业专家的指导，同时借鉴了部分相关教材及技术文献内容，在此向相关作者一并表示衷心的感谢。

由于编者理论水平有限，加之时间仓促，错误及不妥之处在所难免，恳请读者批评指正，编者力争在今后工作中不断加以改正和完善。

编 者

2021 年 10 月

目　录

工卡索引

资源索引

项目 1

电子产品的 THT 技术与工艺

项目导读

　　THT 是 Through Hole Technology 的缩写，译为通孔插装技术，即在 PCB 板上设计好电路连接导线和安装孔，通过把通孔元器件引脚插入 PCB 上预先钻好的通孔中，暂时固定后在基板的另一面采用手工焊接、浸焊、波峰焊等软钎焊技术进行焊接，形成可靠的焊点，元器件主体和焊点分别分布在基板两侧。自 20 世纪 80 年代初，因表面贴装技术 SMT 技术组装密度高、体积小、可靠性高，更适合自动化生产，所以，SMT 技术逐渐取代了 THT 技术，但对于大多数功率元器件、异形元器件和产品的试制等仍采用 THT 技术，或者贴片元器件和通孔元器件混装。在我们的日常生活中，比如收音机、倒车雷达、洗衣机等电子产品，都使用了 THT 技术。

　　那么电子产品中的通孔元器件是怎么组装起来的？有哪些工艺流程？达到什么样的标准算合格？

教学目标

　　★掌握 THT 元器件的识别与检测。

　　★掌握 THT 元器件的组装方法与工艺要求。

　　★掌握 THT 元器件的整形和插件的方法与技巧。

　　★掌握 THT 元器件的焊接方法与工艺要求。

　　★掌握 THT 电路的组装与调试。

　　★掌握手工焊接、浸焊、波峰焊的特点和工艺要求。

　　★培养学生的安全意识、节约意识、6S 意识和团队意识。

　　★培养学生严谨、细心、专注、精益求精的工匠精神。

任务一 THT 元器件识别与检测——以双路报警器为例

任务描述

元器件的识别与检测是电类专业学生和从业者必须掌握的一项基本技能。元器件识别与检测按照元器件的安装形式分为 THT 元器件识别与检测和 STM 元器件识别与检测。THT 元器件识别与检测按照元器件类型分为电阻的识别与检测、电容的识别与检测、电感的识别与检测、二极管的识别与检测、三极管的识别与检测、常用集成电路（芯片）的识别与检测。本任务主要是完成双路报警器元器件的识别与检测，所需元器件采用套件下发，教学过程采用"教、学、做一体"或"实训"的模式，以便读者能熟练掌握电子元器件的性能、特点、主要参数和标注方法，掌握电子元器件功能好坏的判断，完成既定的各项学习任务，培养实际操作能力。

如何识别电子元器件的主要参数、极性和引脚？如何判断电子元器件功能的好坏？

任务要求

1．掌握电阻、电感、电容的识别与检测。
2．掌握半导体二极管、三极管的识别与检测。
3．掌握常用集成电路（芯片）的识别与检测。

知识链接

一、电阻的识别与检测

（一）电阻的作用

电阻起着阻碍电流的作用，它是一个耗能元件，电流经过它就会产生热能。电阻在电路中通常起分压、限流、温度检测、过压保护等作用。它与电压、电流的关系是 $R=U/I$。其中，R 是电阻、U 是电压、I 是电流。电阻的图形符号如图 1-1-1 所示。

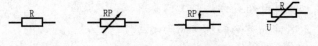

（a）固定电阻器　（b）可调电阻器　（c）电位器　（d）压敏电阻器

图 1-1-1　不同类型电阻的图形符号

（二）电阻的主要参数

电阻的主要参数包括标称阻值、额定功率和允许偏差。

1. 标称阻值

标称阻值通常是指电阻表面上标注的阻值。在实际应用中，电阻的单位是欧姆（简称"欧"），用 Ω 表示。为了对不同阻值的电阻进行标注，还使用千欧（kΩ）、兆欧（MΩ）等单位。其换算关系为：1MΩ=1000kΩ；1kΩ=1000Ω。

2. 额定功率

额定功率是指电阻在交流或直流电路中，在特定条件下（在一定大气压下和产品标准所规定的温度下）工作时所能承受的额定功率。电阻的额定功率值有 1/8W、1/4W、1/2W、1W、2W、3W、4W、5W、10W 等多种，其中常见的色环电阻功率值一般是 1/8W、1/4W、1/2W 和 1W。

3. 允许偏差

一只电阻的实际阻值不可能与标称阻值绝对相等，两者之间会存在一定的偏差，通常将该偏差允许范围称为电阻器的允许误差。允许偏差越小的电阻，其阻值精度就越高，稳定性也越好，但其生产成本相对较高，价格也贵。通常，普通电阻的允许偏差为 ±5%、±10%、±20%，而高精度电阻的允许偏差为 ±1%、±0.5%。

（三）电阻的分类

电阻的种类很多，按不同方式可以分为不同电阻。如电阻按阻值特性分为固定电阻、可调电阻；按制造材料分为碳膜电阻、金属膜电阻、水泥电阻、线绕电阻、薄膜电阻等；按安装方式分为插件电阻、贴片电阻；按功能分为负载电阻、采样电阻、分流电阻、保护电阻等。

（四）典型电阻的识别

电阻类型很多，常见的典型电阻有固定电阻、可调电阻、热敏电阻、光敏电阻等。

1. 固定电阻

固定电阻指的是其电阻值是一个固定值，不会随着电路中电流、电压或者温度的变化而变化。固定电阻在电路中通常用字母 R 表示，常见的固定电阻的实物外形如图 1-1-2 所示。

（a）色环电阻 （b）陶瓷电阻 （c）水泥电阻

图 1-1-2 普通电阻实物外形图

2. 可调电阻

可调电阻即旋转可调电阻的滑动端时它的阻值相应地改变。可调电阻在电路中通常用 VR 或 RP 表示，常见的可调电阻实物外形如图 1-1-3 所示。

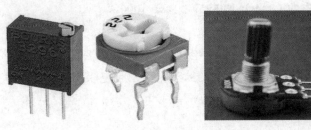

图 1-1-3　可调电阻实物外形图

3. 热敏电阻

热敏电阻就是在不同温度下阻值会变化的电阻。热敏电阻有正温度系数和负温度系数两种。所谓的正温度系数热敏电阻就是它的阻值随温度升高而增大；负温度系数热敏电阻的阻值随温度的升高而减小。常见的热敏电阻实物外形如图 1-1-4 所示。

图 1-1-4　常见的热敏电阻外形图

4. 光敏电阻

光敏电阻是应用半导体光电效应原理制成的一种特殊电阻。当光线照射在它的表面后，它的阻值迅速减小；当光线消失后，它的阻值会增大到标称值。光敏电阻广泛应用于各种光控电路，如灯光开关控制、灯光调节等电路。典型的光敏电阻实物外形如图 1-1-5 所示。

图 1-1-5　光敏电阻实物外形图

（五）电阻值的标示方法

固定电阻通常采用直标法、数字标示法、色环标示法 3 种标示方法。

1. 直标法

直标法是用阿拉伯数字和单位符号直接在电阻表面标明其标称阻值、功率和允许误差等，直标法主要用于体积较大电阻的标注，如水泥电阻和陶瓷电阻等。如 10W 100Ω、4.7kΩ±5% 等。

2. 数码标示法

数码标示法是在电阻表面用三位数表示其阻值的大小，三位数的前两位是有效数值，第三位数是倍数（10^n），单位为 Ω。如 200 表示阻值为 $20 \times 10^0 = 20Ω$，512 表示阻值为 $51 \times 10^2 = 5100Ω$。当阻值小于 10Ω 时，用 R 代替小数点，如 4R7 表示阻值为 4.7Ω，R51 表示阻值为 0.51Ω。数码标识法主要用于体积较小的电阻，如贴片元器件等。

3. 色环标示法

色环标示法简称色标法，主要用于色环电阻的标示，它是用不同颜色的环或点在电阻表面标示出标称阻值和允许误差，其色环颜色对照表见表 1-1-1。色标法常用的有四色环法和五色环法两种，如图 1-1-6 所示。

表 1-1-1　色环颜色对照表

颜色	黑	棕	红	橙	黄	绿	蓝	紫	灰	白	金	银
有效数值	0	1	2	3	4	5	6	7	8	9	—	—
倍数	10^0	10^1	10^2	10^3	10^4	10^5	10^6	10^7	10^8	10^9	10^{-1}	10^{-2}
误差 /%	-	±1	±2	-	-	-	-	-	-	-	±5	±10

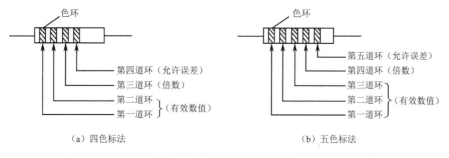

图 1-1-6　电阻的色环标示法

四色环法按色环从左至右的顺序，第一、二道色环表示有效数值，第三道色环表示 10 的倍数，即零的个数，单位为 Ω，第四道色环表示阻值的允许误差。例如图 1-1-6（a）中有 4 道色环，其中有一道色环与别的色环间距较大，且颜色较粗，读数时应将其放在右边。

五色环法按色环从左至右的顺序，第一、二、三道色环表示有效数值，第四道色环表示 10 的倍数，即零的个数，单位为 Ω，第五道色环表示阻值的允许误差。例如图 1-1-6（b）中有 5 道色环，其中有一道色环与别的色环间距较大，且颜色较粗，读数时应将其放在右边。

部分色环电阻的色环说明如下：

棕黑红金 $= 10 \times 10^2 = 1000Ω$，误差 ±5%

黄紫黑棕棕 $= 470 \times 10^1 = 4700Ω$，误差 ±1%

棕黑黑橙棕 $= 100 \times 10^3 = 100kΩ$，误差 ±1%

色环电阻是最广泛应用于各种电子设备的电阻类型，无论怎样安装，维修者都能方便地读出其阻值，便于检测和更换。但在实践中发现，有些色环电阻的排列顺序不甚分明，往往容易读错，在识别时，可运用如下技巧加以判断：

技巧1：先找标示误差的色环，从而排定色环顺序。最常用的表示电阻误差的颜色是金、银、棕，尤其是金环和银环，一般很少用作电阻色环的第一环，所以在电阻上只要有金环和银环，就可以基本认定这是色环电阻的最末一环。

技巧2：判断棕色环是否为误差环。棕色环既常用作误差环，又常用作有效数值环，且常常在第一道环和最末一道环中同时出现，使人很难识别谁是第一道环。在实践中，可以按照色环之间的间隔加以判别：比如对于一个五道色环的电阻而言，第五道环和第四道环之间的间隔比第一道环和第二道环之间的间隔要宽一些，据此可判定色环的排列顺序。

技巧3：在仅靠色环间距还无法判定色环顺序的情况下，还可以利用电阻的生产序列值来加以判别。比如有一个电阻的色环读序是棕、黑、黑、黄、棕，其值为 $100 \times 10^4 \Omega = 1 M\Omega$，误差为1%，属于正常的电阻系列值，若是反顺序读，则为棕、黄、黑、黑、棕，其值为 $140 \times 10^0 \Omega = 140 \Omega$，误差为1%。显然按照后一种排序所读出的电阻值在电阻的生产系列中是没有的，故后一种色环顺序是不对的。

（六）电阻的检测

使用指针式万用表测量：第一步，将万用表置于电阻挡，估算一下电阻值，选择合适的挡位，若无法估算，则先选择最大挡位进行测量；第二步，进行欧姆调零，切记每换一次挡位，都需重新进行欧姆调零；第三步，把万用表红黑表笔与电阻两个引脚接触在一起，不能用手捏在红黑表笔两端进行测量，万用表检测电阻正确操作示范如图1-1-7所示；第四步，使万用表的指针指在万用表的中间位置，然后进行读数。若测得电阻无穷大，则说明电阻开路损坏了，若测得电阻的阻值为零或者很小，则说明电阻短路烧坏了。

注意事项：测量电阻时，切勿用手直接接触红黑表笔进行测量，以免人体电阻影响电阻测量的准确度。万用表检测电阻错误操作示范如图1-1-8所示。

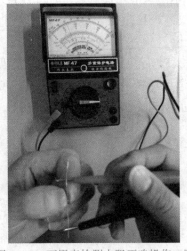
图1-1-7　万用表检测电阻正确操作示范

图1-1-8　万用表检测电阻错误操作示范

二、电容的识别与检测

（一）电容的作用

两块平行的金属极板在外加电源的作用下，将出现等量异号电荷 q，并在两极板间形成电场，存储电场能，将外加电源移去后，电荷可继续聚集在极板上，这样构成了一个电容器。电容的结构示意图如图 1-1-9 所示。电容的主要物理特性是存储电荷，就像蓄电池一样可以充电和放电。电容在电路中通常用字母 C 表示，它在电路中主要的作用是滤波、耦合、延时等。不同类型电容的图形符号如图 1-1-10 所示。

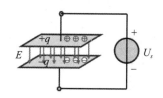

图 1-1-9　电容的结构示意图

（a）固定电容　　（b）可调电容　　（c）预调电容　　（d）极性电容

图 1-1-10　不同类型电容的图形符号

（二）电容的特性

电容是一种能存储电荷的容器。它的主要特点是两端的电压不能突变。电容就像一个水缸一样，要将它装满需要一段时间，要将它全部倒空也需要一段时间。在电路中电容有隔直流、通交流，阻低频、通高频的功能。

（三）电容的分类

电容的种类很多，按绝缘材料分为涤纶电容、云母电容、高频瓷介电容、电解电容等；按安装方式分为插件电容、贴片电容；按电路中电容的作用分为耦合电容、滤波电容、退耦电容、负载电容等。

（四）电容的主要参数

1. 标称容量

电容的标称容量是指电容上标准的容量值。电容使用的单位是法拉（F）。由于 F 的单位太大，实际应用中，多采用微法（μF）、皮法（pF）等单位。其换算关系为：$1F=10^6μF$；$1μF=10^6pF$；$1μF=10^3nF$；$1nF=10^3pF$。

2. 容量误差

容量误差是实际电容量和标称电容量允许的最大偏差范围。一般分为三级：Ⅰ级为

±5%，Ⅱ级为±10%，Ⅲ级为±20%。精密电容的允许误差较小，而电解电容的允许误差较大。

3. 耐压值

耐压值是指电容在电路中能够长期稳定、可靠工作时承受的最大直流电压。一般情况下，相同结构、介质的电容耐压越高体积也就越大。

4. 绝缘电阻

绝缘电阻是用来表明电容漏电的大小。一般小容量的电容，绝缘电阻很大，在几百兆欧姆或几千兆欧姆。电解电容的绝缘电阻一般相对较低，绝缘电阻越大越好，漏电也较小。

（五）典型电容的识别

典型的电容有电解电容、瓷片电容、涤纶电容、钽电解电容等，其中钽电容特别稳定。

1. 电解电容

电解电容是用通过电解方法形成的氧化膜材料而制成的电容，具有容量大、体积小、价格便宜等优点，但存在绝缘电阻小、耐压低、热稳定性能差、频率性能差等缺点。常见的电解电容多为有极性电容，是应用最广泛的电容之一。典型的铝电解电容实物如图1-1-11所示。

2. 瓷片电容

瓷片电容是采用陶瓷材料制成的无极性电容，具有稳定性好、体积小、损坏低、耐高温、耐高压、价格低等优点，是应用最广泛的电容之一。典型的瓷片电容实物如图1-1-12所示。

图 1-1-11　铝电解电容实物外形图

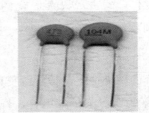
图 1-1-12　瓷片电容实物外形图

3. 涤纶电容

涤纶电容是采用涤纶薄膜制成的无极性电容，具有损坏小、耐高温、耐高压、价格低等优点，但存在稳定性差的缺点，是应用最广泛的电容之一。典型的涤纶电容实物如图1-1-13所示。

4. 钽电解电容

钽电解电容俗称胆电容，它是采用金属钽作为介质制成的电解电容，由于该电容没有电解液，因此具有稳定性好、损耗小、温度系数小、体积小等优点，但也存在价格高的缺点，主要应用在精密电路中。典型的钽电解电容的实物如图 1-1-14 所示。

图 1-1-13　涤纶电容实物外形图

图 1-1-14　钽电解电容实物外形图

（六）电容的标示方法

电容的容量标示通常采用直标法和数字标示法。

1. 直标法

直标法是直接在电容表面标明其标称容值和耐压值，体积较大的电容，如电解电容和 MKP、MKPH、NPO 电容多采用此类标示方法。如 4.7μF，25V，220μF、50V，470μF、250V 等，有的厂家将 4.7μF 标示为 4μ7，省略了小数点。

2. 数码标示法

数码标示法是在电容表面用三位数表示其容量的大小，瓷片电容、涤纶电容多采用此种标示方法。三位数的前两位是有效数值，第三位数是 10 的倍数，即零的个数，此类电容的单位是 pF，如 102 表示容量为 1000pF，563 表示容量为 56000pF。

（七）电容的检测

1. 使用指针万用表检测电容

由于万用表电容挡位和电阻挡位是共用的，读数的刻度线却是分开的，因此使用指针式万用表测量电容时，应正确选择挡位和刻度线。检测电容的方法如图 1-1-15 所示。采用指针式万用表检测电容时，检测前先将电容两端的引线相碰一下，先行放电；再根据电容大小选择万用表的电容挡位（电阻挡位），将万用表红表笔接负极，黑表笔接正极，通过指针的偏转角度来判断电容器是否有充电过程。最后表针的停留位置表示漏电电阻的大小。如果指针快速向右偏转，然后慢慢向左退回原位，一般来说电容是好的。如果指针摆起后不再回转，说明电容已击穿。如果指针右偏

图 1-1-15　检测电容的方法

后逐渐停留在某一位置，则说明该电容已漏电，如果指针不能右偏，说明被测电容的容量较小或挡位选择过大。此方法主要用于电容容量值大于 1μF 的电容检测，当小于 1μF 时，此方法不适用，应选用精密仪器测量电容的好坏，此处不再赘述。

2. 使用数字万用表检测电容

使用数字万用表检测电容时，检测前先将电容两端的引线相碰一下，先行放电；再选择合适挡位，将表笔触碰在电容引脚上进行测量；最后，读出屏幕上的显示值，即为电容容量值。注意要选择合适的量程，进行检测的容量不得大于表的最大量程，否则不能进行检测。

三、电感的识别与检测

（一）电感的作用

将一根导线绕在磁芯上就构成一根电感，一个空芯线圈也属于一个电感，它是一种电抗器件，在电路中用字母 L 表示。它在电路里主要的作用是扼流、滤波、调谐、延时、耦合、补偿等。不同类型电感的图形符号如图 1-1-16 所示。

（a）空芯电感　　　（b）有铁芯电感　　　（c）可调电感

图 1-1-16　不同类型电感的图形符号

（二）电感的特性

电感是能够把电能转化为磁能而存储起来的储能元件。电感器的结构类似于变压器，但只有一个绕组。当线圈中有电流通过时，它会阻碍电流的通过，因此电感中的电流不能突变，这与电容两端的电压不能突变的原理相似。

电感的单位是亨（H），常用的单位有毫亨（mH）、微亨（μH），其换算关系是：1H=1000mH，1mH=1000μH。

（三）电感的主要参数

1. 电感量 L

电感量也称自感系数，是表示电感器产生自感应能力的一个物理量。电感器电感量的大小主要取决于线圈的圈数（匝数）、绕制方式、有无磁芯及磁芯的材料等。

2. 允许偏差

允许偏差是指电感器上标称的电感量与实际电感的允许误差值。一般用于振荡或滤波等电路中的电感器要求精度较高，允许偏差为 ±0.2% ～ ±0.5%；而用于耦合、高频阻流等线圈的精度要求不高，允许偏差为 ±10% ～ ±15%。

3. 分布电容

分布电容是指线圈的匝与匝之间，线圈与磁芯之间，线圈与地之间，线圈与金属之间都存在的电容。电感器的分布电容越小，其稳定性越好。分布电容能使等效耗能电阻变大，品质因数变大。减少分布电容常用丝包线或多股漆包线，有时也用蜂窝式绕线法等。

4. 额定电流

额定电流是指电感器在允许的工作环境下能承受的额定电流值。若工作电流超过额定电流，则电感器就会因发热而使性能参数发生改变，甚至还会因过流而烧毁。

（四）电感的分类

电感的种类很多，按结构分为线绕式电感和非线绕式电感，还可分为固定式电感和可调式电感。按贴装方式分为有贴片式电感和插件式电感。按工作频率分为高频电感、中频电感和低频电感。空芯电感、磁芯电感和铜芯电感一般为中频或高频电感，而铁芯电感多数为低频电感。电感器按用途分为振荡电感器、校正电感器、阻流电感器、滤波电感器、被偿电感器等。

（五）典型电感的识别

典型的电感有固定电感、可调电感、空芯电感和色环电感等。

1. 固定电感

固定电感通常是用漆包线在磁芯上直接绕制而成的，主要用在滤波、振荡、陷波、延迟等电路中，它有密封式和非密封式两种封装形式，两种形式又都有立式和卧式两种外形结构，典型的小型固定电感的实物如图 1-1-17 所示。

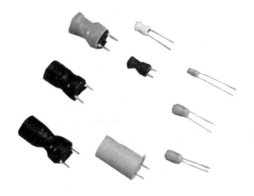

图 1-1-17　固定电感的实物外形图

2. 可调电感

可调电感就是利用旋动磁芯在线圈中的位置来改变电感量。常见的可调电感如图 1-1-18 所示。收音机的中周采用的就是可调电感。

3. 空芯线圈

空芯线圈是用导线直接绕制在骨架上而制成的。线圈内没有磁芯或铁芯，通常线圈绕的匝数较少，电感量小，其实物外形如图 1-1-19 所示。

4. 色环电感

色环电感的外形和普通电阻基本相同，用色环来标注电感量的大小和误差。色环电感的实物如图 1-1-20 所示。

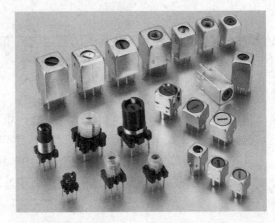

图 1-1-18　可调电感的实物外形图

图 1-1-19　空芯电感的实物外形图

图 1-1-20　色环电感的实物外形图

（六）电感量的标示方法

电感的电感量通常采用直标法、色环法和数码法标示。

1. 直标法

直标法是将电感的标称电感量用数字和单位符号直接标在电感体上，电感量单位后面的字母表示偏差，如 4.7μH、39mH 等。

2. 色标法

色标法是在电感表面涂上不同的色环来代表电感量（与电阻类似），通常用 3 个或 4 个色环表示。识别色环时，紧靠电感体一端的色环为第一道环，露出电感体本色较多的另一端为末环。

注意：用这种方法读出的色环电感量默认单位为微亨（H），如电感表面标示的色环颜色依次为黄、紫、黑、金，表明该电感的电感量为 47μH。

3. 数码法

数码法是用 3 位数来表示电感量的方法，常用于贴片电感上。3 位数中，从左至右的第一、第二位为有效数值，第三位数表示有效数值后面所加"0"的个数。注意：用这种方法读出的色环电感量默认单位为微亨（μH）。如果电感量中有小数点，则用 H 表示，并占一位有效数字。例如：标示为"330"的电感为 33×100=33μH。

（七）电感的检测

1. 外观检查

检测电感时先进行外观检查，看线圈有无松散，引脚有无折断，线圈是否烧毁或外壳是否烧焦等。若有上述现象，则表明电感已损坏。

2. 万用表电阻法检测

检查完外观后再用万用表的欧姆挡检测线圈的直流电阻。电感的直流电阻值一般很小，匝数多、线径细的线圈能达几十欧；对于有抽头的线圈，各引脚之间的阻值均很小，仅有几欧姆左右。若用万用表 R×1Ω 挡检测线圈的直流电阻，阻值无穷大说明线圈（或与引出线间）已经开路损坏；阻值比正常值小很多，则说明有局部短路；阻值为零，说明线圈完全短路。

四、二极管的识别与检测

（一）二极管的作用

半导体二极管是由 PN 结两端接上电极引线并用管壳封装构成的，二极管结构图如图 1-1-21 所示。P 区引出的电极为二极管的正极或阳极，N 区引出的电极为二极管的负极或者阴极。二极管在电路中的作用是整流、检波、稳压、隔离、开关、保护、指示等。是应用最广泛的电子元器件之一。半导体二极管的图形符号如图 1-1-22 所示。

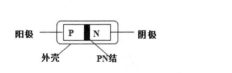

图 1-1-21　半导体二极管的结构示意图　　　图 1-1-22　半导体二极管的图形符号

（二）二极管的分类

二极管的种类很多，按用途分为检波二极管、整流二极管、变容二极管、稳压二极管、发光二极管等；按安装方式分为插件二极管、贴片二极管；按构造分为点接触型二极管、平面型二极管等。

（三）典型二极管的识别

1. 整流二极管

整流二极管是利用 PN 结的单向导电特性，把交流电变成脉动直流电，一般为平面型硅二极管，用于各种电源整流电路中。它根据功率大小有金属封装和塑料封装两种结构。其实物如图 1-1-23 所示。常见普通整流二极管有 1N4001—1N4007（最大平均整流电流 1A）、1N5401—1N5408（最大平均整流电流 3A）等二极管。

（a）金属封装整流二极管　　　　　　　（b）塑料封装整流二极管

图 1-1-23　整流二极管的实物外形图

2. 稳压二极管

稳压二极管是利用 PN 结反向击穿状态，其电流可在很大范围内变化而电压基本不变的现象，制成的起稳压作用的二极管，因此稳压二极管工作在反向击穿区。常见的稳压二极管实物和电路符号如图 1-1-24 所示。

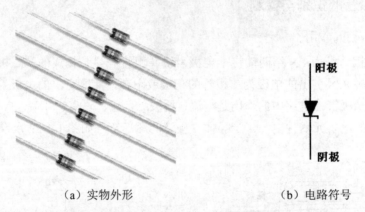

（a）实物外形　　　　　　　　　　（b）电路符号

图 1-1-24　稳压二极管的实物外形和电路符号图

3. 光敏二极管

光敏二极管也称为光电二极管。光敏二极管与半导体二极管在结构上是类似的，其管芯是一个具有光敏特征的 PN 结，具有单向导电性，因此工作时需加上反向电压。无光照时，有很小的饱和反向漏电流，即暗电流，此时光敏二极管截止。当受到光照时，形成光电流，它随入射光强度的加强而增大。因此，可以利用光照强弱来改变电路中的电流。常见的光敏二极管实物和电路符号如图 1-1-25 所示。

（四）二极管的单向导电性

二极管最主要的特性是单向导电性，所谓单向导电性就是指当电流从它的正向流过时，它的电阻很小，当电流从它的负向流过时，它的电阻很大，相当于开路，所以二极管是一种有极性的组件。二极管一般有两个脚，分阳极（正极）和阴极（负极）。

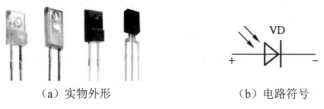

（a）实物外形 （b）电路符号

图 1-1-25 光敏二极管的实物外形和电路符号图

（五）二极管的伏安特性

二极管两端的电压与电流的关系称为伏安特性，可以用伏安特性曲线来表示，如图 1-1-26 所示。

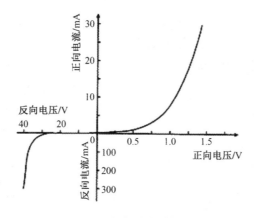

图 1-1-26 二极管伏安特性曲线

1. 正向导通特性

外加正向电压时，在正向特性的起始部分，正向电压很小，不足以克服 PN 结内电场的阻挡作用，正向电流几乎为零，这一段称为死区。这个不能使二极管导通的正向电压称为死区电压。当正向电压大于死区电压以后，PN 结内电场被克服，二极管正向导通，电流随电压增大而迅速上升。在正常使用的电流范围内，导通时二极管的端电压几乎维持不变，这个电压称为二极管的正向电压。当二极管两端的正向电压超过一定数值时，内电场很快被削弱，特性电流迅速增长，二极管正向导通，此时的电压称为门槛电压或阈值电压，硅管约为 0.5V，锗管约为 0.1V。硅二极管的正向导通压降约为 0.6 ~ 0.8V，锗二极管的正向导通压降约为 0.2 ~ 0.3V。

2. 反向截止特性

外加反向电压不超过一定范围时，通过二极管的电流是少数载流子漂移运动所形成的反向电流。由于反向电流很小，二极管处于截止状态。这个反向电流又称为反向饱和电流或漏电流，二极管的反向饱和电流受温度影响很大。一般硅管的反向电流比锗管小得多，小功率硅管的反向饱和电流在 nA 数量级，小功率锗管在 μA 数量级。温度升高时，半导体受热激发，少数载流子数目增加，反向饱和电流也随之增加。

3. 击穿特性

外加反向电压超过某一数值时，反向电流会突然增大，这种现象称为电击穿。引起电击穿的临界电压称为二极管反向击穿电压。电击穿时二极管失去单向导电性。如果二极管没有因电击穿而引起过热，则单向导电性不一定会被永久破坏，在撤除外加电压后，其性能仍可恢复，若不能恢复，二极管就损坏了，这种现象称为热击穿。因而使用时应避免二极管外加的反向电压过高，而造成热击穿。

（六）二极管的检测

1. 检测原理

根据二极管的单向导电性，即正向导通电阻小，反向截止电阻大的原理进行检测，这两个电阻数值相差越大，表明二极管的质量越好。

2. 检测步骤

首先，将万用表置于 R×1k 挡；其次，把红表笔接二极管的负极，黑表笔接二极管的正极，若表针不摆到 0 值而是停在标度盘的中间，此时的阻值就是二极管的正向电阻，一般正向电阻为几百欧至几千欧。若正向电阻很大或为无穷大，说明二极管开路了，短路和开路的管子都不能使用；最后，把两表笔对调再与二极管两引脚连接，此时测量反向电阻，应为几十、几百千欧或更大，若反向电阻过小或为 0 值，说明二极管短路击穿。

3. 质量判别

测得阻值大的越大，阻值小的越小，表示管子质量好；若两值相差不大（都很小或都很大），则表示管子有问题，不能使用。

4. 极性判别

（1）通过二极管的标示来判别极性，一般二极管的引脚一边有个灰色或黑色的圆环，标示二极管的阴极，另外一边为阳极。

（2）通过万用表来判别极性，用万用表的红黑表笔接二极管的两个引脚，测得阻值小时，黑笔所接二极管的那端引脚是二极管的阳极，红笔所接二极管的那端引脚是二极管的阴极。

五、三极管的识别与检测

（一）三极管的作用

三极管，全称应为半导体三极管，也称双极型晶体管、晶体三极管，是一种用电压控制电流的半导体器件，其作用是把微弱信号放大成幅度值较大的电信号，具有电流放大作用，也具有开关作用。

（二）三极管的分类

三极管的种类很多,按材质分为硅管和锗管两种;按结构分为 NPN 型和 PNP 型两种;按功能分为开关三极管、功率三极管、达林顿三极管、光敏三极管等;按功率分为小功率三极管、中功率三极管、大功率三极管 3 种;按工作频率分为低频三极管、高频三极管、超频三极管 3 种;按安装方式分为插件三极管和贴片三极管两种。常见的三极管如图 1-1-27 所示。

图 1-1-27　常见三极管实物图

（三）三极管的工作原理

1. 组成结构

三极管是在一块半导体基片上制作两个相距很近的 PN 结,两个 PN 结把整块半导体分成 3 部分,中间部分是基区,两侧部分是发射区和集电区,排列方式有 NPN 和 PNP 两种,从 3 个区引出相应的电极,分别为基极 B、发射极 E 和集电极 C。三极管结构图和符号如图 1-1-28 所示。

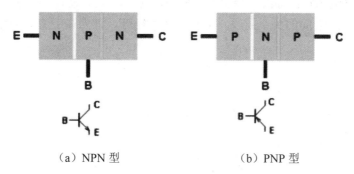

（a）NPN 型　　　　　　（b）PNP 型

图 1-1-28　三极管示意图及符号

发射区和基区之间的 PN 结叫作发射结,集电区和基区之间的 PN 结叫作集电结。基区很薄,而发射区较厚,杂质浓度大,PNP 型三极管发射区"发射"的是空穴,其移动方向与电流方向一致,故发射极箭头向里;NPN 型三极管发射区"发射"的是自由电子,其移动方向与电流方向相反,故发射极箭头向外。发射极箭头指向也是 PN 结在正向电压下的导通方向。硅晶体三极管和锗晶体三极管都有 PNP 型和 NPN 型两种类型。

2. 三极管特性曲线

晶体三极管的输入特性和输出特性曲线描述了各电极之间电压、电流的关系。

（1）三极管输入特性曲线。输入特性曲线描述了在管压降 U_{CE} 一定的情况下，基极电流 i_B 与发射结压降 U_{BE} 之间的关系曲线。三极管输入特性曲线如图 1-1-29 所示。

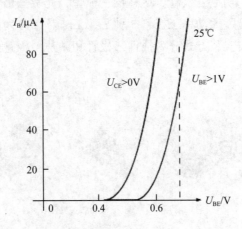

图 1-1-29　三极管输入特性曲线

当 $U_{CE}=0V$ 时，发射极与集电极短路，发射结与集电结均正偏，实际上是两个二极管并联的正向特性曲线，输入特性曲线和二极管的正向特性曲线类似。

当 $U_{CE}>1V$，$U_{CB}=U_{CE}-U_{BE}>0$ 时，集电结已进入反偏状态，开始 $U_{CE}>1V$ 收集载流子，且基区复合减少，特性曲线将向右稍微移动一些，I_C/I_B 增大。但 U_{CE} 再增加时，曲线右移很不明显。

（2）三极管输出特性曲线。输出特性曲线描述了基极电流 I_B 为一常量时，集电极电流 i_C 与管压降 U_{CE} 之间的关系曲线。输出特性曲线可以分为 3 个工作区域，如图 1-1-30 所示。

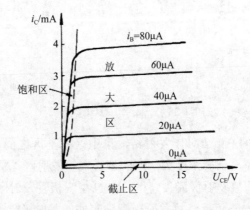

图 1-1-30　三极管的输出特性曲线

1）饱和区：虚线左边区域。在此区域内，发射结和集电结均处于正向偏置。i_C 主要随 U_{CE} 增大而增大，对 i_B 的影响不明显，即当 U_{CE} 增大时，i_B 随之增大，但 i_C 增大不大。

在饱和区，i_C 和 i_B 之间不再满足线性关系，即不能用放大区中的 β 来描述 i_C 和 i_B 的关系，三极管失去放大作用。

2）放大区：在截止区以上，介于饱和区和击穿区之间的区域。在此区域内，发射结正向偏置，集电结反向偏置，各输出特性曲线近似为水平的直线，表示当 i_B 一定时，i_C 的值基本上不随 U_{CE} 而变化。此时表现出 i_B 对 i_C 的控制作用，$i_C = \bar{\beta} i_B$。三极管在放大电路中主要工作在这个区域中。

3）截止区：一般将 $i_B \leqslant 0$ 的区域称为截止区，由图可知，i_C 也近似为零。在截止区，三极管的发射结和集电结都处于反向偏置状态。

（四）三极管的检测

首先，判断基极 B。将万用表欧姆挡置"R×100"或"R×1k"处，先假设三极管的某极为"基极"，并把黑表笔接在假设的基极上，将红表笔先后接在其余两个极上，如果两次测得的电阻值都很小（或约为几百欧至几千欧），则假设的基极是正确的，且被测三极管为 NPN 型管；同上，如果两次测得的电阻值都很大（约为几千欧至几十千欧），则假设的基极是正确的，且被测三极管为 PNP 型管。如果两次测得的电阻值是一大一小，则原来假设的基极是错误的，这时必须重新假设另一电极为"基极"，再重复上述测试。万用表判断三极管基极 B 操作图如图 1-1-31 所示。

其次，判断集电极 C 和发射极 E。仍将指针式万用表欧姆挡置"R×100"或"R×1k"处，以 NPN 管为例，把黑表笔接在假设的集电极 C 上，红表笔接到假设的发射极 E 上，并用手捏住 B 极和 C 极（不能使 B、C 直接接触），通过人体电阻，相当于 B、C 之间接入了偏置电阻，读出表头所示的阻值，然后将两表笔反接重测。若第一次测得的阻值比第二次小，说明原假设成立。万用表判断集电极 C 和发射极 E 操作图如图 1-1-32 所示。

图 1-1-31　万用表判断三极管基极 B 操作图　　图 1-1-32　万用表判断集电极 C 和发射极 E 操作图

六、集成电路的识别与检测

（一）集成电路概述

集成电路（integrated circuit）缩写为 IC，又称集成块、芯片，是一种微型电子器件或部件，即采用一定的工艺，把一个电路中所需的晶体管、电阻、电容和电感等元件及布线互连一起，制作在一小块或几小块半导体晶片或介质基片上，然后封装在一个管壳内，制成具有所需电路功能的微型结构。它是 20 世纪 50 年代后期至 60 年代发展起来的一种新型半导体器件。它是经过氧化、光刻、扩散、外延、蒸铝等半导体制造工艺，把构成具有一定功能的电路所需的半导体、电阻、电容等元件及它们之间的连接导线全部集成在一小块硅片上，然后焊接封装在一个管壳内的电子器件。其封装外壳有圆壳式、扁平式或双列直插式等多种形式。集成电路技术包括芯片制造技术与设计技术，主要体现在加工设备、加工工艺、封装测试、批量生产及设计创新的能力上。

（二）集成电路的特点和应用

集成电路具有体积小、重量轻、引出线和焊接点少、寿命长、可靠性高、性能好等优点，同时成本低，便于大规模生产。它不仅在民用电子设备（如收录机、电视机、计算机等）方面得到广泛的应用，同时在军事、通信、遥控等方面也得到广泛的应用。用集成电路来装配电子设备，其装配密度比晶体管可提高几十倍至几万倍，设备的稳定工作时间也可大大延长。

（三）集成电路的分类

集成电路种类很多，按功能分为模拟集成电路、数字集成电路和数 / 模混合集成电路三大类；按应用领域分为标准通用集成电路和专用集成电路；按外形可分为圆形（金属外壳晶体管封装型，一般适合用于大功率）、扁平型（稳定性好，体积小）和双列直插型；按用途可分为电视机用集成电路、音箱用集成电路、计算机（微机）用集成电路、通信用集成电路、遥控集成电路、语言集成电路、报警器用集成电路及各种专用集成电路。

（四）常见集成电路的封装类型

集成电路的常见封装形式有 DIP 封装、SOP 封装、PLCC 封装、QFP 封装、QFN 封装、BGA 封装等，如图 1-1-33 所示。

1. DIP 封装

双列直插式封装简称 DIP 封装（dual in-line package），插装型封装之一。引脚从封装两侧引出，封装材料有塑料和陶瓷两种。DIP 是最普及的插装型封装，应用范围包括标准逻辑 IC、存储器 LSI、微机电路等。引脚中心距为 2.54mm，引脚数为 6 ~ 64，其实物外形如图 1-1-33（a）所示。

2. SOP 封装

小外形封装简称 SOP 封装（small out-line package），表面贴装型封装之一。引脚从封装两侧引出呈海鸥翼状（L 字形）。材料有塑料和陶瓷两种。引脚中心距为 1.27mm，引脚数为 8 ~ 44，其实物外形如图 1-1-33（b）所示。

（a）DIP 封装　　　　（b）SOP 封装　　　　（c）PLCC 封装

（d）QFP 封装　　　　（e）QFN 封装　　　　（f）BGA 封装

图 1-1-33　常见集成电路的封装类型

3. PLCC 封装

带引线的塑料芯片载体简称 PLCC 封装（plastic leaded chip carrier），表面贴装型封装之一。外形呈正方形，引脚从封装的四个侧面引出，呈丁字形，外形尺寸比 DIP 封装小得多，引脚中心距为 1.27mm，引脚数为 18 ~ 84，其实物外形如图 1-1-33（c）所示。

4. QFP 封装

四侧引脚扁平封装简称 QFP 封装（quad flat package），表面贴装型封装之一。引脚从四个侧面引出呈海鸥翼状（L 字形）。基材有陶瓷、金属和塑料三种。引脚中心距有 1.0mm、0.8mm、0.65mm、0.5mm、0.4mm、0.3mm 等多种规格，其实物外形如图 1-1-33（d）所示。

5. QFN 封装

四侧无引脚扁平封装简称 QFN 封装（quad flat non-leaded package），表面贴装型封装之一。封装四侧配置有电极触点，由于无引脚，贴装占有面积比 QFP 小，高度比 QFP 低，引脚一般为 14 ~ 100，材料有陶瓷和塑料两种，其实物外形如图 1-1-33（e）所示。

6. BGA 封装

球形触点阵列简称 BGA 封装（ball grid array），表面贴装型封装之一。在印刷基板的背面按阵列方式制作出球形凸点用以代替集成电路引脚，在印刷基板的正面装配 LSI 芯片，然后用模压树脂或灌封方法进行密封。引脚可超过 200，是多引脚 LSI 用的一种封装，其实物外形如图 1-1-33（f）所示。

（五）集成电路的检测

判断集成电路是否正常通常采用直观检测法、电压检测法、电阻检测法、代换检测法等。

1. 直观检测法

部分电源控制芯片、功放芯片、驱动块损坏时表面会出现裂痕、烧焦变黑现象，所以通过查看外观就可以判断它是否已损坏。

2. 电压检测法

电压检测法就通过检测被怀疑芯片的各脚对地电压的数据，和正常的电压数据比较后，就可判断该芯片是否正常。

电压检测法注意事项如下：

（1）由于集成电路的引脚间距较小，因此测量时表笔不要将引脚短路，以免导致集成电路损坏。

（2）不能采用内阻低的万用表测量。若采用内阻低的万用表测量集成电路易产生干扰，造成测量数据不准，甚至会发生故障。

（3）测量过程中，表笔要与引脚接触良好，否则不仅会导致所测的数据不准，而且可能会导致集成电路工作失常，甚至发生故障。

（4）测量的数据与资料上介绍的数据有差别时，不要轻易判断集成电路损坏。这是因为使用的万用表不同，测量数据会有所不同，并且进行信号处理的集成电路在有无信号时数据也会有所不同。

3. 电阻检测法

电阻检测法就通过检测被怀疑芯片的各脚对地电阻的数据，和正常的数据比较后，就可判断该芯片是否正常。电阻检测法有在电路中测量和非电路中测量两种。

4. 代换检测法

代换检测法就是采用正常的芯片代换所怀疑的芯片，如故障消失，说明怀疑的芯片损坏；如故障依旧，说明芯片正常。注意在代换时首先要确认它的供电是否正常，以免再次损坏。

代换检测法注意事项如下：

（1）采用代换检测法判断集成电路时，最好安装集成电路插座，这样在确认原集成电路无故障时，可将判断用的集成电路退货，而焊接后是不能退货的。另外，必须要保证代换的集成电路是正常的，否则会造成误判的现象，甚至会扩大故障范围。

（2）拆卸更换集成电路的时候不要急躁，不能乱拨、乱撬，以免损坏引脚。而安装时要注意集成电路的引脚顺序，不要将集成电路安装反了，否则可能会导致集成电路损坏。

（六）集成电路的更换

维修中，集成电路的更换应选用相同品牌、相同型号的集成电路，仅部分集成电路可采用其他型号的仿制品更换。

💬 任务实施

按要求完成双路报警器元器件的识别与检测工卡，本套元件是按所需元件的 120%
配置，请准确清点和检查全套装配元件的数量和质量，进行元器件的识别与检测，筛选
所需元器件。掌握元器件的识别与检测，列出元器件的清单表，简述电阻、电容、电感、
二极管、三极管、集成电路的质量检测方法与步骤。培养学生严谨、细心、专注、精益
求精的工匠精神。

🔊 思考题

1. 什么是 THT 技术？有什么特点？
2. 在电路组装之前，为什么要进行元器件的识别与检测？
3. 简述四环电阻和五环电阻的标准方法并写出色环颜色对应表。
4. 如何判断一个二极管的正、负极和质量好坏？

任务二　电路的组装与调试——以双路报警器为例

🔍 任务描述

电路的组装与调试分为电路的组装和电路的调试。电路的组装是将元器件按设计要
求焊接组装成电子产品的过程，主要包含元器件的整形和焊接等技术；电路的调试是按
照电路设计要求调试电路功能、排除电路故障的过程。因此掌握电路的组装与调试等技
能，显得至关重要。

手工焊接是电子产品装配中的一项基本操作技能，适用于产品试制、电子产品的小
批量生产、电子产品的调试与维修以及某些不适合自动焊接的场合。它是利用烙铁加热
被焊金属件和锡铅焊料，熔融的焊料润湿已加热的金属表面使其形成合金，待焊料凝固
后将被焊金属件连接起来的一种焊接工艺，故又称为锡焊。尽管目前现代化企业已经普
遍使用自动插装、自动焊接的生产工艺，但产品试制、电子产品的小批量生产、电子产
品的调试与维修以及某些不适合自动焊接的场合目前还采用手工焊接方式。因此，手工
焊接是一项实践性很强的操作技能，在了解一般方法后，要多练，多实践，才能较好地
掌握手工焊接技术，在实践教学过程中，手工焊接也是必不可少的训练内容。

手工焊接的步骤和工艺要求有哪些注意事项？在企业生产中，后指锡岗位的工作内
容和要求是什么？

⚙ 任务要求

1. 掌握通孔（THT）元器件的整形要求和电路的组装工艺。

2. 掌握手工焊接技术，完成双路报警器的组装焊接。

3. 掌握企业级焊接技术，完成倒车雷达主板后执锡岗位工作任务。

4. 掌握电路的调试方法，完成双路报警器的调试任务。

知识链接

一、THT 元器件的整形与安装

（一）THT 元器件的整形要求

通孔（THT）元器件的规格多种多样，引脚长短不一，在电路组装时，常常需要根据安装高度、电路板大小、电路散热等情况，将元器件的引脚适当地整形、剪短、剪齐等，这个过程称为 THT 元器件的整形。常见的 THT 元器件的整形有卧装整形和立装整形。

1. 卧装整形

（1）卧装整形元器件引脚弯成的形状应根据焊盘孔的距离不同而加工成形，如图 1-2-1（a）、（b）、（c）所示。加工时，注意不要将引线齐根弯折，一般应留 1.5mm 以上，弯曲不要呈死角，圆弧半径应大于引线直径的 1 ~ 2 倍。用工具保护好引线的根部，以免损坏元器件。同类元件要保持高度一致。各元器件的符号标志向上卧式，以便校核电路和日后维修。

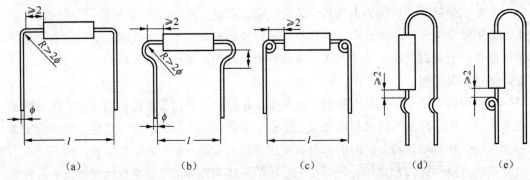

图 1-2-1　通孔（THT）元器件卧式整形、立式整形

（2）卧式水平安装在电路板上的具有轴向引脚的元件的主体（包括末端的铅封或焊接）必须大体上处于两个安装孔的中间位置。

（3）对于非金属外壳封装且无散热要求的二极管（过电流小于 2A 或功率小于 2W）、电阻（功率小于 1W）等可以采用卧装贴板成形方式。明确贴板成形的元器件波峰焊后最大抬高距离不大于 0.7mm。

（4）对于金属外壳封装（如气体放电管）或有散热要求的二极管（过电流大于等于 2A 或功率大于等于 2W）、电阻（功率大于等于 1W），必须抬高成形。明确需要抬高成形的元器件，最小抬高距离（h）不小于 1.5mm。

大功率半导体元器件的卧装成形，应该根据实际 PCB 的尺寸选择装配长度 H。为防止引线台阶开裂，折弯到引线的台阶的距离必须保证大于等于 0.5mm，即没倒角前的卡具凸起距离台阶的最小距离不小于 1.0mm，大功率半导体元器件的卧装成形示意图如图 1-2-2 所示。

2. 立装整形

（1）立装整形元器件根据 PCB 上元器件的孔位中心距离确定元器件的引脚间距，如图 1-2-1（d）、（f）所示。立装整形可以通过元器件顶部两个折弯位置的距离来控制引线插件的距离，适用于二极管、电阻、保险管等。

（2）除非使用或者借助辅助材料保障抬高和支撑（如瓷柱或磁珠），否则如果不折弯本体下部引线，则要求元器件必须垂直板面（或倾斜角度满足相关要求），同时波峰焊后应该保障抬高距离（h）要求大于 0.4mm，小于 3.0mm。

（3）对于功率大于 2W 以上的电阻，由于打 K（Z）成形而造成引线长度不足的，在设计时注意本体顶部的伸出引线需要勾焊加长，以满足插件要求。

大功率半导体元器件的立装成形，为防止引线台阶开裂，Z 形折弯到引线的台阶的距离必须保证大于等于 0.5mm，即没倒角前的卡具凸起距离台阶的最小距离不小于 1.0mm，大功率半导体元器件的立装成形示意图如 1-2-3 所示。

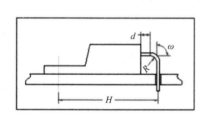
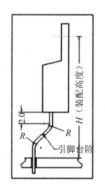
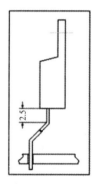

图 1-2-2　大功率半导体元器件的卧装成形　　图 1-2-3　大功率半导体元器件的立装成形

（二）通孔（THT）元器件整形方法

通孔（THT）元器件整形操作方法：左手用镊子紧靠电阻的本体，夹紧元件的引脚，如图 1-2-4 所示，使引脚的弯折处距离元件的本体有两毫米以上的间隙。左手夹紧镊子，右手食指将引脚弯成直角。注意：不能用左手捏住元件本体，右手紧贴元件本体进行弯折，如果这样，引脚的根部在弯折过程中容易受力而损坏，元件弯折后的形状如图 1-2-5 所示，引脚之间的距离根据线路板孔距而定，引脚修剪后的长度大约为 8mm，如果孔距较小，元件较大，应将引脚往回弯折成形如图 1-2-5（c）、（d）所示。电容的引脚可以弯成直角，将电容水平安装，如图 1-2-5（e）所示，或弯成梯形，将电容垂直安装，如图 1-2-5（h）所示。二极管可以水平安装，当孔距很小时应垂直安装，如图 1-2-5（i）所示，为了将

二极管的引脚弯成美观的圆形，应用螺丝刀辅助弯折，如图 1-2-6 所示。将螺丝刀紧靠二极管引脚的根部，十字交叉，左手捏紧交叉点，右手食指将引脚向下弯，直到两引脚平行。

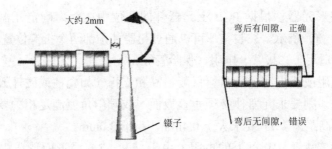

图 1-2-4　通孔（THT）元器件引脚整形方法

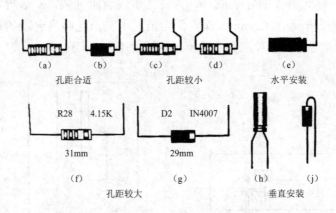

图 1-2-5　通孔（THT）元器件整形后的形状

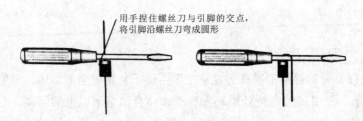

图 1-2-6　用螺丝刀辅助弯制

有的元件安装孔距离较大，应根据线路板上对应的孔距弯曲成形。元器件做好后应按规格型号的标注方法进行读数。将胶带轻轻贴在纸上，把元器件插入，贴牢，写上元器件规格型号值，然后将胶带贴紧备用。

注意：不要把元器件引脚剪太短。

（三）THT 元器件的安装要求

通孔（THT）元器件的规格多种多样，引脚长短不一，装机时应根据需要和允许的安装高度，将所有元器件的引脚适当剪短、剪齐。通孔（THT）元器件在电路板上的安装方式主要有立式和卧式两种。

1. 立式安装

立式安装元器件直立于电路板上。安装时应注意将元器件的标志朝向便于观察的方向，以便校核电路和日后维修。元器件立式安装占用电路板平面面积较小，有利于缩小整机电路板面积。

2. 卧式安装

卧式安装元器件横卧于电路板上。安装时同样应注意将元器件的标志朝向便于观察的方向，以便校核电路和日后维修。元器件卧式安装时可降低电路板上的安装高度，在电路板上部空间距离较小时很适用。根据整机的具体空间情况，一块电路板上的元器件往往混合采用立式安装和卧式安装等安装方式，如图 1-2-7 所示。

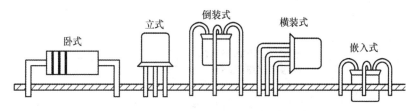

图 1-2-7 通孔（THT）元器件安装方式

由于安装环境的限制，有些元器件的引脚在安装焊接到电路板上时需要折转方向或弯曲。但应注意，所有元器件的引脚都不能齐根部折弯，以防引脚齐根折断。塑封半导体器件如果齐根折弯其管脚，还可能损坏管芯。元器件引脚需要改变方向或间距时，应采用图 1-2-4 所示的正确方法来折弯后安装。在没有专用工具或只需加工少量元器件引线时，可使用尖嘴钳和镊子等工具将引出脚加工成形。

对于金属大功率管、变压器等自身分量较重的元器件，仅仅直接依靠引脚的焊接已不足以支撑元器件自身重量，应用螺钉固定在电路板上，然后再将其引脚焊入电路板。

（四）THT 元器件的安装顺序

虽然通孔（THT）元器件在电路板上安装的先后次序没有固定的模式，但应以前道工序不妨碍后道工序为基本原则来确定通孔元器件的安装顺序。元器件安装一般有以下几种顺序：

（1）按元器件的属性：先安装电阻→再安装电容……

（2）按元器件的体积大小：先小后大。

（3）按元器件的安装方式：先卧后立。

（4）按元器件的位置：先内后外。

（5）按电路原理图：逐一完成局部电路。

二、常用焊接工具的使用

（一）电烙铁的使用

电烙铁是手工焊接的主要工具。常用的电烙铁有普通电烙铁和恒温电烙铁两类。普通电烙铁又分为内热式和外热式两种，后来又研制出了吸锡电烙铁。无论哪种电烙铁，它们的工作原理基本上是相似的，都是在接通电源后，电流使电阻丝发热并通过传热筒加热烙铁头，达到焊接温度后即可进行手工焊接。对电烙铁要求热量充足、温度稳定、耗电少、效率高、安全耐用。

内热式电烙铁的发热芯在里面，在外面套入烙铁头使用，其优点在于发热快，效率高，非常适合 PCB 焊接，一般电子制作都用 30 ～ 40W 的内热式电烙铁。外热式电烙铁的发热体在外面，在里面套入烙铁头来使用，体积较大，比较适合焊接一些大的东西，由于发热体在外面，散热比较快，发热效率没有那么高，而且还要预热，因此不大适合焊接 PCB 上小的电子元器件，但是却比较稳定，功率大，适合焊接大型元器件。内热式电烙铁和外热式电烙铁结构图如图 1-2-8 所示。

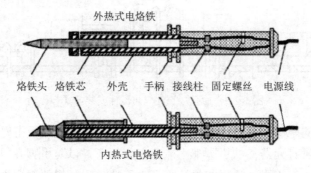

图 1-2-8　内热式电烙铁和外热式电烙铁结构图

1. 恒温焊台的简介

恒温焊台是通过提供加热环境，使焊锡、焊盘和引脚三部分同时受热使锡熔化，从而使工件焊接起来的一种常用电子焊接工具。恒温焊台具有温度补偿功能，当烙铁头温度低于设定温度时，主机接通，供电给温控器发热，当烙铁头温度高预设定温度时，主机关闭，停止发热，使烙铁头的温度保持不变，防止焊接时烙铁头温度忽高忽低，影响焊接质量，这也是与传统烙铁的主要区别之处。同时恒温焊台对升温及回温速度有了更高的要求，升温及回温速度是决定生产效率的一个重要指标，所以选择一款好的焊台，就要看它的温度控制能力。恒温焊台的主要组成部分：电源开关、温度调节旋钮、电源指示灯、烙铁手柄、烙铁头、烙铁架和高温海绵。恒温焊台实物图如图 1-2-9 所示。根据焊接元器件和工艺的不同，可选择不同烙铁头。

2. 恒温焊台的开关机步骤

（1）开机使用步骤：首先，将恒温焊台电源开关切换至 ON 位置；其次，调整温度旋钮至 300 ～ 350℃，待加热指示灯闪烁后，表示已达设定温度，可以进行焊接了；再次，温度不正常时必须停止使用，并送修。

图 1-2-9　恒温焊台实物图

（2）关机结束步骤：首先，清洁、擦拭烙铁头并加锡保护；其次，调整温度旋钮至最低温度；再次，将恒温焊台电源开关切换至 OFF 位置；最后，长时间不使用时切断电源。

3. 恒温焊台的工作温度

（1）正常工作温度为 300 ～ 350℃。

（2）焊接面积较大、带散热片的元器件或者器件较大时温度可调至 400 ～ 420℃。

4. 烙铁头的使用及保养

（1）使用过程中需要经常擦拭，随时锁紧烙铁头确保其在合适的位置。

（2）在焊接使用过程中不可将烙铁头用力挑或挤压。不可用摩擦的方法焊接，会损伤烙铁头或损伤焊盘及器件。

（3）使用过程中不可用粗糙面摩擦烙铁头。

（4）烙铁头不可加热任何塑胶类物品。

（5）短时间不使用需将烙铁旋钮调至最低温度，长时间不使用需关闭电源。

（6）使用完成后需将烙铁头擦拭干净，重新粘上新锡。

（7）如烙铁头氧化，需及时更换。

5. 恒温焊台使用注意事项

（1）使用过程中不要磕碰，敲打烙铁手柄。

（2）不可长时间调至最高温度使用。

（3）长时间不用需要给烙铁头上锡保护，然后切断电源。

（4）烙铁擦拭棉要保持湿润状态。

（5）烙铁头氧化或损坏后需及时更换。

（二）防静电镊子的使用

镊子是用于夹取元器件、金属颗粒、毛发、细刺及其他细小东西的一种工具。它也可用于电子产品维修，用它夹持导线、元件及集成电路引脚等。防静电镊子实物图如图

1-2-10 所示。镊子按材质分类有：不锈钢镊子、塑料镊子、竹镊子、净化镊子、晶片镊子等。按用途分类有：医用镊子、化学用镊子、防静电镊子等。按样式分类有：弯头镊子、直头镊子、扁平头镊子、尖头镊子等。

（三）斜口钳的使用

斜口钳又名"斜嘴钳"，主要用于剪切导线、元器件多余的引线，还常用来代替一般剪刀剪切绝缘套管、尼龙扎线卡等。斜口钳常用的型号有 150mm、175mm、200mm 及 250mm 等多种规格，可根据内线或外线工种需要选购。斜口钳实物图如图 1-2-11 所示。斜口钳的分类：专业电子斜嘴钳、省力斜嘴钳、不锈钢电子斜嘴钳、VDE 耐高压大头斜嘴钳、镍铁合金欧式斜嘴钳、精抛美式斜嘴钳等。

图 1-2-10　防静电镊子实物图　　　　图 1-2-11　斜口钳实物图

（四）斜口钳的使用方法

斜口钳的刀口可用来剖切软电线的橡皮或塑料绝缘层。钳子的刀口也可用来切剪电线、铁丝。剪 8 号镀锌铁丝时，应用刀刃绕表面来回割几下，然后只需轻轻一扳，铁丝即断。铡口也可以用来切断电线、钢丝等较硬的金属线。钳子的齿口也可用来紧固或拧松螺母。

使用工具的人员必须熟知工具的性能、特点、使用、保管和维修及保养方法。使用钳子是用右手操作。将钳口朝内侧，便于控制钳切部位，用小指伸在两钳柄中间来抵住钳柄，张开钳头，这样分开钳柄灵活。

（五）吸锡器的使用

吸锡器是一种拆卸电子元器件的常用工具，主要是收集拆卸电子元件时熔化的焊锡。维修拆卸元器件需要使用吸锡器，尤其是大规模集成电路，更为难拆，拆不好容易破坏印制电路板，造成不必要的损失。简单的吸锡器是手动式的，且大部分是塑料制品，它的头部由于常常接触高温，因此通常都采用耐高温塑料制成。吸锡器实物图如图 1-2-12 所示。

图 1-2-12　吸锡器实物图

（1）吸锡器的分类。常见的吸锡器有手动和电动两种。按照用途分有吸锡球、手动吸锡器、电热吸锡器、防静电吸锡器、电动吸锡枪以及双用吸锡电烙铁等。大部分吸锡器为活塞式，按照吸筒壁材料分为塑料吸锡器和铝合金吸锡器。

（2）吸锡器的使用方法。胶柄手动吸锡器的里面有一个弹簧，使用时，先把吸锡器末端的滑杆压入，直至听到"咔"声，则表明吸锡器已被固定。再用烙铁对接点加热，使接点上的焊锡熔化，同时将吸锡器靠近接点，按下吸锡器上面的按钮即可将焊锡吸上。若一次未吸干净，可重复上述步骤。

三、手工焊接技术

（一）手工焊接的步骤

手工焊接大体可以分为三步焊接法和五步焊接法。五步焊接法具体操作步骤为准备焊接、送电烙铁预热焊件、送焊锡丝熔化焊料、移开焊锡丝和移开电烙铁。五步焊接法操作示意图如图 1-2-13 所示。而三步焊接法则是在手工焊接操作熟练后，把送电烙铁预热焊件和送焊锡丝熔化焊料合为一步，移开焊锡丝和移开电烙铁合为一步，把原来的五步焊接法简化为三步焊接法。

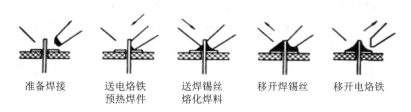

| 准备焊接 | 送电烙铁预热焊件 | 送焊锡丝熔化焊料 | 移开焊锡丝 | 移开电烙铁 |

图 1-2-13　五步焊接法操作示意图

1. 准备焊接

准备好焊锡丝和电烙铁。此时应注意焊接电路板和元器件的可焊接性，烙铁头部要保持干净，即可以镀上焊锡（俗称上锡）。

2. 送电烙铁加热焊件

将电烙铁接触焊接点，注意首先要保持烙铁加热焊件各部分，例如使 PCB 板上引脚和焊盘都受热，其次要注意让烙铁头的扁平部分（较大部分）接触热容量较大的焊件，烙铁头的侧面或边缘部分接触热容量较小的焊件，以保持焊件均匀受热。

3. 送焊锡丝熔化焊料

当焊件加热到能熔化焊料的温度后，从大致 45° 的方向，送焊丝置于焊点处，焊料开始熔化并润湿焊点。

4. 移开焊锡丝

当熔化一定量的焊锡，加热 3 ～ 4s 后，从大致 45° 的方向将焊锡丝移开。

5. 移开电烙铁

当焊锡完全润湿焊点后移开电烙铁，注意移开电烙铁的方向应该是大致 45° 的方向。

在上述过程中，对一般焊点而言焊接时间为 2 ～ 3s 完成焊接。对于热容量较小的焊点，例如 PCB 板上的小焊盘，有时采用三步法焊接方法。

实际上有细微区分的还是五步焊接法，因此五步法焊接法具有普遍性，是掌握手工焊接的基本方法。在实际焊接过程中，各步骤之间停留的时间和手的稳定性，对保证焊接质量至关重要，通过多练、多实践才能逐步掌握手工焊接方法和技巧。

（二）手工焊接注意事项

（1）烙铁头的焊接温度要适当。恒温焊台具有恒定烙铁头温度的功能，焊接温度一般为设置为 300 ～ 350℃。普通电烙铁温度不可调，一般通过选择合适电烙铁功率来控制电烙铁的温度，内热式电烙铁功率一般选择 30 ～ 40W，外热式电烙铁功率一般选择 35 ～ 50W。

（2）焊接时间要适当。从加热焊接点到焊料熔化并全部润湿焊接点，一般应控制在 3 ～ 4s 内完成。如果焊接时间过长：首先，容易使焊盘脱落和烧坏元器件，对电路板造成不可逆的损坏；其次，焊接点上的助焊剂完全挥发，失去了助焊作用，容易造成焊点粗糙或拉尖等现象。焊接时间过短，则焊接点的温度达不到焊接温度，焊料不能充分熔化，容易造成虚焊、假焊等现象。

（3）焊料与助焊剂使用要适量，一般焊接点上的焊料与助焊剂使用过多，容易造成焊点多锡、连锡和焊锡从过孔流出等现象，焊料与助焊剂使用过少，容易造成焊点少锡或虚焊等现象，会给焊接质量造成很大的影响。

（4）防止焊接点上的焊锡任意流动，理想的焊接应当是只焊接在需要焊接的地方。在焊接操作上，开始时焊料要少些，待焊接点达到焊接温度，焊料流入焊接点空隙后再补充焊料，迅速完成焊接。

（5）焊接过程中，应固定好元器件和电路板且不要触动焊接点，在焊接点上的焊料尚未完全凝固时，不应移动焊接点上的被焊器件及导线，否则焊接点容易变形，出现虚焊现象。

（6）焊接过程中，不应烫伤周围的元器件及导线，焊接时要注意不要使电烙铁烫周围导线的塑胶绝缘层及元器件的表面，尤其是焊接结构比较紧凑、形状比较复杂的产品。

（三）焊接后的质量检查

当焊接完成后，需对焊接质量进行检查，检查电气连接和机械特性是否可靠、牢固，焊点是否标准美观，检验标准如下：

（1）焊点应有足够的机械强度：为保证被焊件在受到振动或冲击时不至脱落、松动，要求焊点要有足够的机械强度。

（2）焊接可靠，保证焊点的电气性能：焊点应具有良好的导电性能，必须要焊接可靠，防止出现虚焊。

（3）焊点表面整齐、美观：焊点的外观应光滑、圆润、清洁、均匀、对称、整齐、美观、充满整个焊盘并与焊盘大小比例合适，即焊点应为锥形焊点。

（4）元件安装准确无误，无浮高、错件、缺件、极性焊反等现象。

满足上述 4 个条件的焊点才算是合格的焊点，合格焊点示意图如图 1-2-14 所示。

图 1-2-14　合格焊点示意图

（四）不合格焊点的形成原因与解决方法

在焊接过程中，由于焊接时间、焊接温度掌握得不合适、焊料与助焊剂使用不均匀，焊接时手的抖动和焊接方法掌握得不熟练等原因，焊接完成后焊接质量达不到标准，容易形成连锡、少锡、拉尖、铜箔翘起、包焊（焊锡过多）、焊锡从过孔流出等不合格焊点，如图 1-2-15 所示。下面具体分析不合格焊点的形成原因与解决方法。

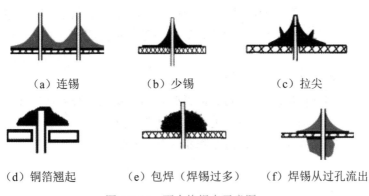

（a）连锡　　　　　　（b）少锡　　　　　　（c）拉尖

（d）铜箔翘起　　（e）包焊（焊锡过多）　　（f）焊锡从过孔流出

图 1-2-15　不合格焊点示意图

1. 连锡的形成原因与解决方法

形成原因：首先，焊料使用过多，造成焊点间连锡；其次，烙铁头烧黑不光亮，或焊锡中助焊剂完全挥发，使焊锡的流动性变差；再次，因为元器件焊盘间距较小，反复长时间焊接容易破坏 PCB 板组焊层油漆，而形成连锡。

解决方法：首先，若焊料使用过多，则减少焊料；其次，对烙铁头进行清洁、镀锡，适当添加助焊剂；再次，减少焊接时间和次数，保护好 PCB 板组焊层油漆。

2. 少锡的形成原因与解决方法

形成原因：首先，焊料使用过少，造成焊点焊锡量不足；其次，焊接时间太短，焊锡未完全融合，从而形成少锡现象。

解决方法：首先，若焊料使用过少，则合理添加焊料；其次，掌握合适的焊接时间，焊锡完全融合，使引脚与焊盘形成合金；再次，掌握正确的焊接方法和技巧，反复练习实践。

3. 拉尖的形成原因与解决方法

形成原因：焊接时间短，焊接温度偏低，无法使焊料完全融合焊盘；烙铁头不光亮，容易粘锡；焊接时间过长，使助焊剂完全挥发，焊锡流动性差，移开烙铁头时造成焊点拉尖。

解决方法：掌握合适的焊接时间，正确设置焊接温度，焊接时使焊料完全融合润湿焊盘；对烙铁头进行打磨、镀锡，使烙铁头处于光亮状态（即镀锡状态）；缩短焊接时间，适当添加助焊剂，增强锡的流动性。

4. 铜箔翘起的形成原因与解决方法

形成原因：焊接温度过高、焊接时间过长，使焊盘长时间受热，造成铜箔翘起现象。

解决方法：焊接温度为 300 ～ 350℃、焊接时间控制在 3 ～ 4s。

5. 包焊的形成原因与解决方法

形成原因：首先，焊料使用过多，焊点焊锡量偏多；其次，焊接方法不正确，只加热了引脚，焊盘未充分加热，造成锡只在引脚上，未润湿焊盘；再次，焊点堆积而成，而不是焊料融合润湿后自然形成的焊点。

解决方法：首先，如焊料使用过多，则减少焊料的使用；其次，掌握正确的焊接方法，加热时应使引脚和焊盘同时受热；再次，焊点不是堆积而成的，而是焊料融合润湿后自然形成的焊点。

6. 焊锡从过孔流出的形成原因与解决方法

形成原因：焊料使用过多，焊接时间过长，造成焊锡融合后渗过孔流出；电路板过孔偏大、元器件引脚偏小，造成焊锡融合后渗过孔流出。

解决方法：减少焊料的用量，减少焊接时间；合理设计电路板过孔，选择合适的元器件。

（五）手工拆焊

手工拆焊是把已经焊好的元器件，或由于元器件损坏、焊错等原因，须把焊好的元器件拆卸下来的一种手段，主要用于电子产品的组装、维修和焊接练习中。手工拆焊的方法与注意事项如下所述。

1. 手工拆焊的方法

一般电阻、电容、晶体管等管脚不多，且每个引脚能相对活动的元器件可用烙铁直接拆焊。首先将 PCB 板竖起来夹住，把烙铁头预热好，其次用烙铁头加热被拆焊点，焊料一熔化，须及时用镊子或尖嘴钳夹住元器件沿垂直线路板的方向拔出元器件的引脚，之后再移开电烙铁，手工拆焊示意图如图 1-2-16 所示。重新焊接时，需先用锥子将焊孔在加热熔化焊锡的情况下扎通或用吸锡器通孔，需要指出的是，这种方法不宜在一个焊点上

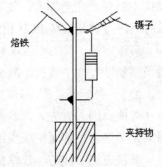

图 1-2-16　手工拆焊示意图

多次用，因为印制导线和焊盘经反复加热后很容易脱落，造成 PCB 板损坏。

2. 手工拆焊的注意事项

（1）不管元器件的安装位置如何，是否容易取出，都不要强拉或扭转元器件，以免

损坏线路板和其他元器件。

（2）拆焊时不要用力过猛，用电烙铁去撬和晃动焊点的做法不对，一般接点不允用拉动、摇动、扭动等办法去拆除焊接点。

（3）在插装新元器件之前，须用吸锡器把焊盘插线孔内的焊料清除干净，否则在插装新元器件引脚时，将造成电路板的焊盘翘起。

任务实施

1. 双路报警器的组装与调试工卡

按要求完成双路报警器的组装与调试工卡，本任务采用"教、学、做一体"的模式。通过任务的实施，使学生掌握通孔（THT）元器件的整形要求和电路的组装工艺，掌握手工焊接技术，完成双路报警器的组装焊接，掌握电路的调试方法，完成双路报警器的调试任务，培养学生的安全意识、节约意识、规范意识和环保意识，以及良好道德品质和沟通协调能力。

2. 后执锡线顶岗生产工卡

按要求完成后执锡线顶岗生产工卡，本任务采用实训教学模式，配套数字化实训平台的资源，使实训教学环境与企业的生产环境相结合，实训教学载体就是企业生产的产品。通过任务的实施，使学生掌握企业级焊接技术和生产工艺要求，能组织和安排后执锡线生产，并按时按量完成倒车雷达主板的后执锡生产任务。培养学生的安全意识、节约意识、规范意识和环保意识，培养学生的团队合作和沟通协调能力。

思考题

1. 电子产品为什么要进行调试？调试工作的主要内容是什么？
2. 简述连锡、少锡的形成原因及解决方法。
3. 简述 THT 元器件的安装要求和顺序。

任务三　企业案例——以倒车雷达的 THT 生产为例

任务描述

THT 的生产方式和种类很多，按插入方法分为人工插件、半自动插件和全自动插件三种；按焊接方式分为手工焊接、浸焊和波峰焊三种；按插件元件分为立式插件和卧式插件两种。人工插件是电子产品组装的基础，主要用于实验室制作、异性元器件（如集成电路、电位器、插座等）的插装和小批量多品种的产品装联中。半自动插件适合小批量多品种产品生产，20 世纪 90 年代初期曾在部分研究所及军工企业使用，目前很少有人使用。全自动插件是当代电子产品装联中较先进的自动化生产技术，广泛应用于洗衣机、空调等大批量少品种产品生产。与手工插件相比，其优点是提高了自动化程度和劳动效率，降低了成本。

在企业生产中，如何掌握人工插件的方法与技巧？有哪些注意事项？市场上主流的半自动插件机和全自动插件机有哪些？

浸焊是 THT 生产工艺流程中的第二道工序。浸焊是指把插装好通孔元器件的印制电路板均匀地喷上助焊剂，通过机械手臂夹住印制电路板，平放在熔化有焊锡的锡槽内，对印制电路板上所有通孔元器件焊点一次焊接成形的一种焊接方法。浸焊焊接具有结构简单、焊接质量好、成本低、操作简单等特点，广泛用于中小企业小批量生产和科研教学中，其应用范围广。

结合企业实际生产情况，简述浸焊的生产工艺流程和注意事项。以倒车雷达主板生产为例，如何提高浸焊的产品质量和生产效率？

波峰焊是让插件完后的电路板的焊接面直接与高温液态锡接触达到焊接目的，其高温液态锡保持一个斜面，并由特殊装置使液态锡形成一道道"波浪"，所以叫"波峰焊"，实现元器件焊端或引脚与电路板焊盘之间机械与电气连接的软钎焊，其主要材料是焊锡条。波峰焊具有速度快、焊接质量高的特点，适用于大型企业大批量生产，广泛用于电视机、家庭音像设备以及数字机顶盒等的生产。

任务要求

1. 能够正确识别倒车雷达主板元器件，并掌握人工插件的方法与技巧。

2. 根据插件人数的不同，按照企业插件生产工艺要求和注意事项，能组织和安排插件线生产任务。

3. 掌握浸焊的生产工艺流程和注意事项。

4. 熟练掌握半自动浸焊机的操作，浸焊质量符合企业标准要求。

5. 了解波峰焊的特点和焊接原理，掌握波峰焊接工艺要求。

知识链接

一、THT 插件技术与工艺

（一）THT 技术简介

THT 即在 PCB 板上设计好电路连接导线和安装孔，通过把元器件引脚插入 PCB 上预先钻好的通孔中，暂时固定后在基板的另一面采用浸焊、波峰焊等软钎焊技术进行焊接，形成可靠的焊点，元器件主体和焊点分别分布在基板两侧。自 20 世纪 80 年代初，因表面贴装技术 SMT 组装密度大、可靠性高，更适合自动化生产，一台贴片机可以安装所有类型的 SMC、SMD，所以，SMT 技术逐渐取代了 THT 技术，但对于大多数功率元器件、异形元器件和机电元件仍采用 THT 技术。

电子产品生产基地 THT 生产线位于 SMT 生产线之后。插件过程中应注意不漏插、错插元器件，对于有极性的元器件极性不应插反。插件线实际生产图如图 1-3-1 所示，插件实际操作如图 1-3-2 所示。

图 1-3-1　插件线实际生产图　　　　　　图 1-3-2　插件实际操作图

（二）THT 的特点

与 SMT 相比，THT 具有以下特点：

（1）投资少、工艺相对简单、基板材料及印制线路工艺成本低，适应范围广。

（2）适用性强，可适用于各种电路板的组装，不限于体积小型化的产品。

（3）人工插件对技能要求较低，培训周期短，上手快，操作简单。

（4）SMT 和 THT 的根本区别是"贴装"和"插装"。

（5）由于元器件有引脚，插件元器件体型较大，不便于组装高密度、高精度的产品，同时，引脚间相互接近导致的故障、引脚长度引起的干扰也难以排除。

（三）THT 生产工艺流程

THT 生产工艺流程主要包含插件、浸焊和切脚 3 个工艺。THT 生产工艺流程图如图 1-3-3 所示。插件是 THT 生产工艺流程中的第一道工序，主要是按照装配要求将通孔元器件插在 PCB 板焊盘对应位置上。浸焊的主要功能是将插件完后的电路板采用浸焊技术进行焊接，使所有焊点一次完成焊接，浸焊按照操作方式分为手工浸焊、半自动浸焊和全自动浸焊。切脚工序主要采用的是切脚机（又称剪脚机），是通过电动机带动刀片高速旋转，从而一次性切除元器件多余引脚，常用于中小批量生产中。

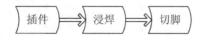

图 1-3-3　THT 生产工艺流程图

（四）THT 的分类

THT 的生产方式和种类很多，按插入方法分为人工插件、半自动插件和全自动插件

3 种；按焊接方式分为手工焊接、浸焊和波峰焊 3 种；按插件元器件分为立式插件和卧式插件两种。立式插件主要应用在 LED、灯、镇流器等产品中，卧式插件主要应用在汽车音箱、空调、电视机、微波炉、电源等产品中。

以下介绍人工插件、半自动插件和全自动插件。

（1）人工插件是电子产品组装的基础。虽然随着装联水平的提高，大批量稳定生产的企业普遍采用了自动插件的方式，但即使采用自动插件的方式，仍有一部分异形元器件（如集成电路、电位器、插座等）需要手工插件，尤其在小批量多品种的产品装联中，采用自动插件会占用大量的转换和调机时间，因此，手工插件还是一种很主要的元器件插装方法。人工插件操作示意图如图 1-3-4 所示。

（2）半自动插件适合小批量多品种产品生产，20 世纪 90 年代初期曾在部分研究所及军工企业使用，目前很少有人使用。半自动插件示意图如图 1-3-5 所示。

图 1-3-4　手工插件操作示意图

图 1-3-5　半自动插件示意图

（3）全自动插件是当代电子产品装联中较先进的自动化生产技术，广泛应用于电视机、洗衣机等大批量少品种产品生产。与手工插件相比，其优点是提高了自动化程度和劳动效率，降低了成本。全自动插件示意图如图 1-3-6 所示。

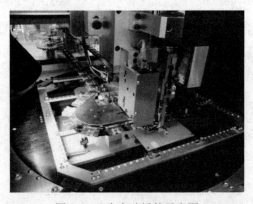
图 1-3-6　全自动插件示意图

（五）手工插件

手工插件是 THT 生产工艺流程中的第一道工序，主要是按照装配要求将通孔元器件插在 PCB 板焊盘对应位置上，在此基础上合理地进行插入顺序、元件分配、人员配置等安排，并提出相应的要求。

1. 插件岗位人员安排

可按照班级分组人数的多少进行插件，人数多，分到的插件元器件少，插件速度快，人数少，则分到的插件元器件多，插件速度相对较慢，按照人数的多少可灵活调整，使每人分到的元器件数差不多，插件速度相近，流水线才能正常运转下去。倒车雷达主板插件元器件装配图、分板图如图 1-3-7 和图 1-3-8 所示。表 1-3-1 为倒车雷达主板插件拉岗位安排表。

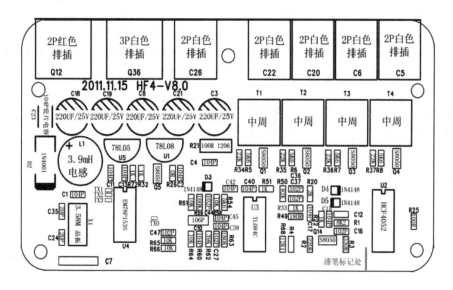

图 1-3-7 插件元器件装配图

图 1-3-8 分板示意图

表 1-3-1 倒车雷达主板插件拉岗位安排表

岗位	物料名称及规格	数量	装配位置	操作方法
岗位一	分板			两手将 PCB 板拿起，元器件面朝自己。用大拇指顶住 PCB 板，将 PCB 板两头掰向自己的方向，沿图 1-3-8 红线将 PCB 板折断成两小块为一块的 PCB 板
	红色 2P 排插	1	Q12	

岗位	物料名称及规格	数量	装配位置	操作方法
岗位二	白色 2P 排插	2	C26 C22	无具体写明操作方法的无操作要求
	白色 3P 排插	1	Q36	
岗位三	白色 2P 排插	3	C20 C6 C5	无具体写明操作方法的无操作要求
岗位四	104P 瓷片电容	1	C23	78L05 插在 U5 位置,零件半圆方向与丝印要对应, 元器件不能高于电解电容
	78L05	1	U5	
岗位五	3.58M 晶振	1	X1	78L08 插在 U1 位置,零件半圆方向与丝印要对应, 元器件不能高于电解电容
	78L08	1	U1	
岗位六	220UF/25V 电解 电容	1	C18	将电解电容长脚(正极)插入无条纹孔中,短脚(负极)插入有条纹孔中
	3.9mH 电感	1	L1	
岗位七	220UF/25V 电解 电容	2	C19 C8	将电解电容长脚(正极)插入无条纹孔中,短脚(负极)插入有条纹孔中
岗位八	220UF/25V 电解 电容		C21 C3	将电解电容长脚(正极)插入无条纹孔中,短脚(负极)插入有条纹孔中
岗位九	中周	2	T1 T2	无具体写明操作方法的无操作要求
岗位十	中周	2	T3 T4	无具体写明操作方法的无操作要求

2. 手工插件注意事项

(1)左右手交替操作,两手之间隔 2 ~ 3 块板,有规律地安排自己所插的物料顺序,可以加快插件速度。

(2)元器件有方向、极性的注意一定不能插反,如电解电容、78L05、78L08。

(3)不可插错排插(3P 排插插成 2P 排插,红色排插插成白色排插)。

(4)需要平贴的零件必须平贴 PCB,如排插、电解电容、中周。

(5)78L05 和 78L08 注意不要弄混,补料时要仔细看清参数。不认识物料者要拉长给予指导后再进行补料。

(6)操作过程中所有工位都要佩戴静电手环(具体佩戴标准参考静电手环佩戴指导书)。

(六)典型插件机介绍

1. 自动卧式联体插件机 XG-4000

自动卧式联体插件机 XG-4000 是新泽谷机械有限公司的产品,在国内外市场占有一定份额,其实物如图 1-3-9 所示。它是将不同种类的编带元器件(电解电容、瓷片电容等元器件)通过送料站排在独特的 W 形料夹上,再转送到双链条料夹,送到插件头,在电路板(PCB)上自动插入各种电子零件和跳线,并将插件不良的插件状态显示在显示器及进行插件漏件检测,是一种高精度、高效能的自动化设备。

图 1-3-9　自动卧式联体插件机 XG-4000 实物图

（1）特点。

1）可以直接将筒状跳线不经过再次编排而直接插入 PCB，可以节约 1/3 的跳线。

2）在软件配合下，该机器集 3 种功能于一身，既能单独插跳线，又能单独插卧式电子元器件，还能跳线和卧式元器件混合插。

3）一台机器只需要一人操作，能完成 40 个人手动插件的产能。

4）执行应用程序，位图坐标编程器产生的程序文本和 PROTEL09 模板数据文本文均要转换为 Excel 文件。

（2）机器参数。自动卧式联体插件机 XG-4000 性能参数见表 1-3-2。

表 1-3-2　自动卧式联体插件机 XG-4000 性能参数

理论速度	24000 点 / 小时
插入不良率	小于 1000ppm
插入方向	手动上板模式：平行 0 度、90 度、180 度和 270 度 自动送板模式：平行 0 度、90 度
元器件跨距	双孔距：6.0 ～ 18mm
基板尺寸	手动上板模式：最小 50mm×50mm；最大 450mm×450mm 自动送板模式：最小 50mm×50mm；最大 300mm×260mm
基板厚度	0.79 ～ 2.36mm
元件种类	二极管、电阻、跳线等卧式编带封装料
跳线（JW）	独立输送，直径为 0.5 ～ 0.7mm 的镀锡铜线
元器件引线剪脚长度	1.2 ～ 2.2mm（可调）

续表

元器件引线弯脚角度	10°～35°（可调）
料站数量	10～80站（可选）
机器尺寸（长 × 宽 × 高）	手动上板模式：1700mm×1300mm×1600mm 自动送板模式：1950mm×1600mm×1600mm
主机器重量	1800kg
使用电源/功率	220V，AC（单相）50/60Hz，2.0kVA/1.6kW（节能型）
孔位校正方式	机器视觉系统，多点MARK视觉校正
驱动系统	AC伺服，AC马达
数据输入方式	USB接口输入（Excel文档格式）
控制系统	中文操作界面（Windows系统控制平台）液晶显示器
工作台运转方式	手动上板模式：顺时针和逆时针方向 自动送板模式：左进右出和右进左出
送板模式	手动上板模式/自动送板模式（可选）

2. 立式插件机 XG-3000

立式插件机 XG-3000 是新泽谷机械有限公司的产品，在国内外市场占有一定份额，其实物如图1-3-10所示。可将不同种类(25mm和5mm)的编带立式电子元器件(电解电容、瓷片电容、LED等）先按设定的程序编排在链条的料夹上。然后，由插件机头将电子元器件插入电路板，并剪脚、固定。设备的插件轴机构水平固定不动，由 X、Y 机构的移动实现在 PCB 上各区域精密插件。插件的角度是由工作台转盘、头部转角马达 RH、底座转角马达 RB 的转动来实现的。机器所有的动作均由一台计算机来控制。

图 1-3-10　立式插件机 XG-3000 实物图

（1）特点。

1）全计算机控制，全中文版操作系统，基于 Windows 平台，操作方便、快捷、简单、易学。

2）采用机器视觉技术，在线自动编程，自动纠偏，动辨识 MARK 点，提高了自动化程度。

3）排料站位每 10 站为一节，更方便于用户的选择。

4）采用 AC 伺服系统，优化线路，排除因线路故障所造成的不稳定现象，达到了稳定高速、节省能源的目标。

5）插入方向为 0 ～ 360°，增量为 1°。

6）工作台可以顺时针和逆时针方向任意旋转。

（2）机器参数。立式插件机 XG-3000 性能参数见表 1-3-3。

表 1-3-3　立式插件机 XG-3000 性能参数

周期速率	18000pc/h（软件系统升级可提速）
插入率	小于 300ppm
插入方向	360°，增量为 1°
引线跨距	双间距 2.5/5.0mm
基板尺寸	最小 50mm×50mm，最大 450mm×450mm
基板厚度	0.79 ～ 2.36mm
元器件规格	最大高度为 23mm，最大直径为 13mm
元器件种类	电容器、晶体管、三极管、LED 灯、按键开关、电阻、连接器、线圈、电位器、保险丝座、熔断丝等立式编带封装料
元器件引线剪脚长度	1.2 ～ 2.2mm（可调）
元器件引线弯脚角度	10° ～ 35°（可调）
料站数量	60 站（推荐使用站数），可选（10 ～ 100 站）
机器尺寸（长 × 宽 × 高）	主机尺寸 1.8m×1.6m×2.0m，料站尺寸 0.5m×0.6m×0.76m
机器重量	750kg（40 站）
电源	220V，AC（单相）50/60Hz
功率	960W
孔位校正方式	影像视觉系统，多点 MARK 视觉校正
数据输入方式	USB 接口输入（Excel 文档格式）
控制系统	中文操作界面（Windows 系统控制平台）、戴尔液晶显示器
工作台运转方式	顺时针和逆时针方向
线路板输送方式	手工 / 自动可选

二、浸焊技术与工艺

（一）浸焊技术简介

浸焊是指把插装好元器件的印制电路板均匀地喷上助焊剂，之后平放在熔化有焊锡的锡槽内，对印制电路板上所有通孔元器件焊点一次焊接成形的一种焊接方法。浸焊焊接具有结构简单、易操作、焊接质量好、成本低、耗电量低等特点，广泛用于中小企业小批量生产和科研教学中，其应用范围广。

（二）浸焊的分类

浸焊按照操作方式分为手工浸焊、半自动浸焊机浸焊和全自动浸焊机浸焊；按照浸锡炉发热方式分为内热式锡炉和外热式锡炉；按照锡槽的外形分为圆形锡炉和方形锡炉；按照自动化程度分为手工浸焊、半自动浸焊和全自动浸焊。

以下介绍手工浸焊、半自动浸焊和全自动浸焊。

1. 手工浸焊

手工浸焊是指浸焊操作的所有步骤全部由人工完成，即人手持夹具夹住插装好通孔元器件的印制电路板，使用喷壶均匀喷涂助焊剂，之后将印制电路板匀速地浸入锡炉中，浸焊完后，目视检查浸焊质量。手工浸焊操作示意图如图 1-3-11 所示。

图 1-3-11　手工浸焊操作示意图

（1）操作步骤。

1）加热使锡炉中的锡温控制在 280 ～ 310℃。

2）人手持夹具夹住插装好通孔元器件的 PCB 板。

3）使用喷壶均匀地在 PCB 板上喷涂一层助焊剂。

4）用夹具夹住 PCB 浸入锡炉中，使焊盘表面与 PCB 板接触，浸锡厚度以 PCB 厚度的 1/2 ～ 2/3 为宜，浸锡的时间约 2 ～ 3s。

5）以 PCB 板与锡面呈 15° ～ 30° 的角度使 PCB 离开锡面，冷却后检查焊接质量。

如有较多的焊点未焊好，待 PCB 板完全冷却后，重复浸焊一次，若只有少数不良焊点可手工补焊。

（2）注意事项。每浸焊 3～5 次，需手工刮去锡炉表面的氧化层，保持锡面光亮、良好的焊接状态，以免因氧化层的产生而影响浸焊质量。

手工浸焊时，有腐蚀性且挥发的助焊剂会产生刺鼻的气体，操作过程中，需佩戴口罩和橡胶手套。

浸焊的锡炉高温，因此操作时应注意高温烫伤。

（3）手工浸焊的优缺点。手工浸焊的优点是结构简单、体积小、成本低；缺点是焊接速度慢，焊接质量差，且受操作者的熟练程度影响大，焊料槽表面与空气作用易形成氧化渣，浪费量大。

2. 半自动浸焊

半自动浸焊机浸焊是近年来从锡炉和波峰焊之间衍生出来的一种新的线路板焊接生产设备，功能上类似波峰焊，具有喷雾、预热、焊接、冷却等功能。焊接方式上类似锡炉手工浸焊，所不同的是采用机械手来加紧印刷电路板，其操作示意图如图 1-3-12 所示。当所焊接的电路板面积大、元器件多、无法靠手工夹具夹住时，可采用半自动浸焊。

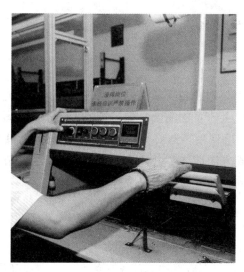

图 1-3-12　半自动浸焊操作示意图

（1）正邦 ZB3020 系列半自动浸焊机概述。正邦 ZB3020 系列半自动浸焊机是正邦电子设备有限公司的产品，在国内占有一定的市场份额。生产基地采用的是正邦 ZB3020 系列半自动浸焊机完成浸焊操作，它配置在插件拉之后，具有喷雾、预热、焊接、冷却等功能，并采用机械手装置，由单人完成电路板焊接、冷却及排烟等焊接全过程，适用于长插短插元器件及不同基板的焊接需求，焊点饱满、光滑、可靠。此设备最大焊接尺寸为 270mm×160mm，温度范围为 0～400℃，控温精度为 ±1℃。半自动浸焊机主要由焊锡槽、机械手、控制面板、冷却风机、排烟口、预热区、喷雾区等组成，半自动浸焊机结构示意图如图 1-3-13 所示。

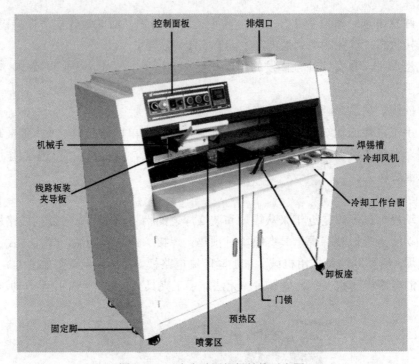

图 1-3-13　半自动浸焊机结构示意图

　　半自动浸焊机的特点是适合各类长短插元器件及单、双面电路板焊接；适合不同类型基板、助焊剂、焊锡以及产量的需要，焊点饱满、光滑、可靠，虚焊少；具有助焊剂密闭自动液位控制系统，确保喷雾器喷雾效果良好，避免同类机型频繁人工补液的烦琐；同时配有锡渣收集槽，既方便整洁，也可回收锡渣二次使用，节约成本。

　　（2）半自动浸焊机的开关机与浸焊前检查。

　　1）开机。

　　a．把电源开关置于 ON 处，按下加热开关按钮，等待约 30min，使实际温度达到设定温度。

　　b．按下照明开关按钮，之后再按下预热开关按钮，完成开机。

　　2）关机。

　　a．松开照明开关按钮关闭照明，之后再松开预热开关按钮，关闭预热。

　　b．松开加热开关按钮，停止锡炉加热，之后把电源开关置于 OFF 处，关闭浸焊机。

　　3）浸焊前检查。

　　a．检查助焊剂液位是否在 3 ～ 8 之间。

　　b．检查机械手臂是否活动正常。

　　c．检查助焊剂喷涂雾化效果是否均匀。

　　d．手动调节轨道，使进出板正常，不卡板，不掉板。

e. 检查浸锡炉液位是否合理，电路板浸入时，锡面液位刚好与电路板平行，无漫锡、少锡现象，注意，初次操作时，请在指导老师指导下完成。

（3）半自动浸焊机操作工艺流程。

半自动浸焊机操作工艺流程包括预装电路板、喷涂助焊剂、浸焊、目视检查浸焊质量、结束待切脚。半自动浸焊操作工艺流程如图 1-3-14 所示。

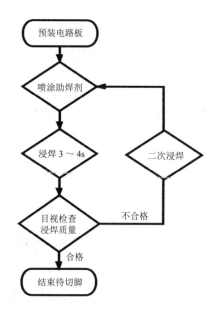

图 1-3-14　半自动浸焊操作工艺流程

（4）半自动浸焊操作步骤。

1）预装电路板，手工把插装好的电路板平稳放在机械手臂上，检查有无缺件、浮高等现象。

2）喷涂助焊剂，夹好电路板的机械手匀速运行至喷助焊剂口时，按喷助焊剂按钮开关，喷涂助焊剂。继续匀速运行至锡炉上方时，机械手臂带动电路板做上下运动，使电路板浸入锡炉焊料内。

3）浸焊，浸入深度为电路板厚度的 1/2 ～ 2/3，浸锡时间为 3 ～ 4s。

4）目视检查浸焊质量，电路板离开浸锡面后，冷却 2 ～ 3s，浸焊质量合格板放入周转箱中摆放整齐等待切脚，不合格板待充分冷却后进行二次浸焊。

5）结束待切脚，浸焊完成后，关闭浸焊机，6S 整理工位，合格板送入下一道工序完成切脚。

（5）半自动浸焊的注意事项。

1）预装电路板时，动作幅度不要太大，以免排插、中周掉落。

2）喷助焊剂时要适量，不能有助焊剂成滴的留在 PCB 板上，以免造成锡炉飞溅。

3）在进行二次浸焊时，需待电路板充分冷却后，再次喷涂助焊剂。

4）合理掌握浸焊时间，浸焊时间过长，首先，容易烧坏元器件；其次，使已经焊接好的贴片元器件因为时间过长、温度过高而脱落；再次，浸焊时间过长，助焊剂完全挥发，锡的流动性变差，易造成大量连锡现象。浸焊时间过短，电路板焊点未充分润湿焊接，造成大量少锡、漏焊等现象。

5）每浸焊 3～5 次，需手工刮去锡炉表面的氧化层，保持锡面光亮、良好的焊接状态，以免因氧化层的产生而影响浸焊质量。

6）浸焊的锡炉高温，因此操作时应注意高温烫伤。

（6）半自动浸焊的优缺点。半自动浸焊机的优点是焊接质量高、焊接速度快，具有助焊剂密闭自动液位控制系统，确保喷雾器喷雾效果良好，操作方便；配有锡渣收集槽，收集多余锡渣，方便整洁，也可回收锡渣二次使用，节约成本。缺点是自动化程度不及全自动的，需人工操作，焊接质量受操作者水平影响较大。

3. 全自动浸焊

全自动浸焊机只要将插装好的电路板放置于针架上，按下启动开关，即可由机器控制完成浸焊。从喷涂助焊剂，到基板斜角入锡到水平浸锡时间以及基板出锡的角度，都由机器完成控制，实现了浸焊过程的全自动。全自动浸焊机实物图如图 1-3-15 所示。

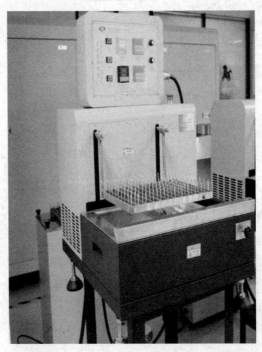

图 1-3-15　全自动浸焊机实物图

全自动浸焊的优缺点：优点是品质稳定，生产效率高，焊接质量受操作者水平影响较小，适用于大批量的小型插件板浸锡，自动刮锡出渣，浪费少；缺点是价格贵，结构复杂，维护成本高，体积大，适用于批量较大、自动化程度相对较高的工厂。

三、波峰焊技术与工艺

（一）波峰焊简介

波峰焊是让插件完后的电路板的焊接面直接与高温液态锡接触达到焊接目的，其高温液态锡保持一个斜面，并由特殊装置使液态锡形成一道道类似波浪的现象。波峰焊机如图 1-3-16 所示。波峰焊实现元器件焊端或引脚与电路板焊盘之间机械与电气连接的软钎焊，其主要材料是焊锡条。波峰焊焊接速度快，焊接质量高，但是结构复杂、成本高等，广泛用于电视机、家庭音像设备以及数字机顶盒等的生产。

图 1-3-16　波峰焊机实物图

（二）波峰焊接工作原理

波峰焊主要包括喷涂助焊剂区、预热区、波峰焊区和强迫风冷区 4 个区，具体工作原理如下所述，工作原理示意图如图 1-3-17 所示。

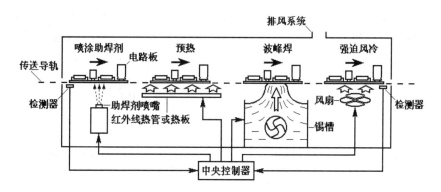

图 1-3-17　波峰焊工作原理示意图

（1）在喷涂助焊剂区可对 PCB 板喷涂助焊剂。插件完的 PCB 板通过传送带进入波峰焊机以后，经过某个形式的助焊剂喷涂装置，在这里助焊剂利用波峰、发泡或喷射的方法涂敷到 PCB 板上。

（2）在预热区可对 PCB 板进行预热。由于大多数助焊剂在焊接时必须要达到并保持一个活化温度来保证焊点的完全浸润，因此电路板在进入波峰槽前要先经过一个预热区。助焊剂涂敷之后的预热可以逐渐提升 PCB 的温度并使助焊剂活化，这个过程还能减小组装件进入波峰时产生的热冲击。它还可以用来蒸发掉所有可能吸收的潮气或稀释助焊剂的载体溶剂，如果这些东西不被去除，它们会在过波峰时沸腾并造成焊锡溅射，或者产生蒸气留在焊锡里面形成中空的焊点或砂眼。另外，由于双面板和多层板的热容量较大，因此它们比单面板需要更高的预热温度。

波峰焊机基本上采用热辐射方式进行预热，最常用的波峰焊预热方法有强制热风对流、电热板对流、电热棒加热及红外加热等。在这些方法中，强制热风对流通常被认为是大多数工艺里波峰焊机最有效的热量传递方法。在预热之后，线路板用单波（λ 波）或双波（扰流波和 λ 波）方式进行焊接。对穿孔式元件来讲单波就足够了，线路板进入波峰时，焊锡流动的方向和板子的行进方向相反，可在元件引脚周围产生涡流。这就像是一种洗刷，将上面所有助焊剂和氧化膜的残余物去除，在焊点到达浸润温度时形成浸润。

（3）在波峰焊区可在预热后，使组件进入锡槽进行焊接。锡槽盛有熔融的液态焊料，钢槽底部喷嘴将熔化的焊料喷出特定形状的波峰，这样，在组件焊接面通过波峰时就被焊料波加热，同时焊料波也润湿焊区并进行扩展填充，最终实现焊接。波峰焊是采用对流传热原理对焊区进行加热的。熔融的焊料波作为热源，它一方面流动以冲刷引脚焊区，另一方面也起到了热传导作用，引脚焊区正是在此作用下加热的。采用银锡焊料时，熔融焊料温度通常控制在 245℃ 左右。为了保证焊区升温，焊料波通常具有一定宽度，这样，当组件焊接面通过波时就有充分的加热、润湿等时间。传统的波峰焊中，一般采用单波，而且波比较平坦。随着无铅焊料的使用，目前多采取双波形式。

（4）在冷却区可在波峰焊接完后，对 PCB 板进行冷却。波峰焊接完后，应该用尽可能快的速度来进行冷却，这样将有助于得到明亮的焊点并有好的外形和小的接触角度。缓慢冷却会导致电路板的杂质分解而进入锡中，从而产生灰暗毛糙的焊点。

（三）波峰焊生产工艺流程

波峰焊工艺流程包括单机式波峰焊工艺流程和联机式波峰焊工艺流程，具体如下所述。

1. 单机式波峰焊工艺流程

单机式 PCB 板 A 面波峰焊工艺流程：元器件引线成形→ PCB 板贴阻焊胶带（视需要）→插装元器件→ PCB 板装入焊机夹具→涂敷助焊剂→预热→波峰焊→冷却→取下 PCB 板→撕掉阻焊胶带→清洗→检验→放入专用周转箱。

单机式 PCB 板 B 面波峰焊工艺流程：PCB 板贴阻焊胶带→装入模板→插装元器件→吸塑→切脚→从模板上取下 PCB 板→ PCB 板装焊机夹具→涂敷助焊剂→预热→波峰焊（精焊平波和冲击波）→冷却→取下 PCB 板→撕掉吸塑薄膜和阻焊胶带→检验→补焊→清洗→检验→放入专用周转箱。

2. 联机式波峰焊工艺流程

将 PCB 板装在焊机的夹具上→人工插装元器件→涂敷助焊剂→预热→浸焊→冷去口→切脚→刷切脚屑→喷涂助焊剂→预热→波峰焊（精焊平波和冲击波）→冷却→清洗→ PCB 板脱离焊机→检验→补焊→清洗→检验→放入专用周转箱。

（四）典型波峰焊机介绍

深圳市伟达科 V-TOP350N 波峰焊采用三段独立 1.8m 预热区，全热风预热，带射灯补偿装置，使 PCB 获得良好的焊接效果；运输系统闭环控制，无级调速，精确地控制 PCB 预热、焊接时间；闭环式自动跟踪喷雾系统，喷雾宽度和喷雾时间可自动调节，并能按照用户需求设置提前或延长喷雾的时间；全程观察窗，更方便维护和操作；工业计算机控制系统双波峰焊接装置，除兼容一贯的机器自动化性能外更采用流线型机体设计；简单便捷的计算机视窗系统，将自动化生产及管理纪录提升至更高层次。加热温度采用的是 PID 闭环控制，温控稳定可靠。

伟达科 V-TOP350N 波峰焊详细技术参数见表 1-3-4。

表 1-3-4　伟达科 V-TOP350N 波峰焊详细技术参数

项目	V-TOP350N
控制方式	Computer+PLC
运输马达	1P AC220V 90W
运输速度	300 ～ 2000mm/min
基板宽度	50 ～ 350mm（W）
运输高度	（750±20）mm
预加热区	功率：12kW　长度：1800mm，三段　PID 控制温度：（室温～250℃）
锡炉加热	15kW（铸铁发热板）（室温～300℃）
锡炉容量	420kg
波峰高度	0 ～ 12mm
波峰马达	3P AC220V 0.36kW×2pc
冷却	强制冷却
PCB 运输方向	L → R（R → L）
喷头移动马达	气缸 / 步进马达
助焊剂容量	6 L
助焊剂气压	3 ～ 5bar
焊接角度	4° ～ 6°
电源	3P AC380V 50Hz 63A
总功率 / 运行功率	28kW/8kW

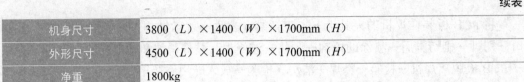

续表

机身尺寸	3800（L）×1400（W）×1700mm（H）
外形尺寸	4500（L）×1400（W）×1700mm（H）
净重	1800kg

任务实施

1. HF 系列倒车雷达红板（整机）的插件生产工卡

按要求完成 HF 系列倒车雷达红板（整机）的插件生产工卡，本任务采用实训教学模式，配套数字化实训平台的资源，使实训教学环境与企业的生产环境相结合，实训教学载体就是企业生产的产品。通过任务的实施，使学生能够正确识别倒车雷达主板元器件，并掌握人工插件的方法与技巧，根据插件人数的不同，按照企业插件生产工艺要求和注意事项，组织和安排插件线生产任务。培养学生的安全意识、节约意识、规范意识和质量意识，培养学生的团队合作和沟通协调能力。

2. 半自动浸焊机的操作工卡

按要求完成半自动浸焊机的操作工卡，本任务采用实训教学模式，配套数字化实训平台的资源，使实训教学环境与企业的生产环境相结合，实训教学载体就是企业生产的产品。通过任务的实施，使学生掌握浸焊的生产工艺流程和注意事项，能够熟练操作半自动浸焊机，浸焊质量符合企业标准要求。培养学生的质量意识、安全意识、节约意识和 6S 意识，培养学生"三敬""零无"的航空职业素养和追求高效、精益求精的工匠精神。

思考题

1. THT 生产工艺流程是什么？
2. THT 通孔元器件的焊接方法有几种？各有什么特点？
3. 简述半自动浸焊生产工艺流程和注意事项。

项目 2

电子产品的 SMT 技术与工艺

项目导读

SMT 是 Surface Mounting Technology 的缩写，译为表面贴装技术，是当前电子组装行业里应用最广泛的一种技术和工艺。SMT 是将无引脚或者短引脚表面贴装元器件（SMC/SMD）安装在印刷电路板（PCB）的表面或者其他基板的表面上，通过回流焊接等方法，完成电路贴片元器件的组装。SMT 技术从 20 世纪 60 年代问世以来，历经几十年的发展，到现阶段 SMT 技术已经非常成熟，是当前电路组装技术的主流，在我们的日常生活中，手机、计算机、电视、智能手表等都采用了 SMT 技术。SMT 与 THT 的方式相比，主要有以下几个优点：实现了产品的小型化和微型化；信号传输速度快、高频特性好；简化了生产工序，便于自动化生产，节约时间，降低成本，提高了工作效率。

那么表面贴装元器件（SMC/SMD）是怎么组装起来的？有哪些工艺流程？ SMT 生产线的主要设备有哪些？

教学目标

★掌握表面组装元器件（SMC/SMD）的识别与检测。

★掌握 SMT 元器件的组装方法与工艺要求。

★掌握锡膏的储存、使用和锡膏印刷质量检测。

★掌握 SMT 电路的组装与调试。

★掌握锡膏印刷技术与工艺。

★了解贴片技术与设备。

★掌握回流焊接技术与工艺。

★培养学生干一行、爱一行，天下大事，必作于细的专注精神。

★培养学生爱岗敬业、精益求精、德技并修的工匠精神。

任务一 贴片元器件识别与检测——以开关稳压电源为例

任务描述

随着 SMT 表面贴装技术向微型化、自动化发展，各类常用元器件也越来越小，贴片元器件封装应运而生，贴片元器件只是封装形式采用贴片封装，功能作用与传统插件元器件基本相同。贴片元器件识别与检测按照元器件类型分为贴片电阻的识别与检测、贴片电容的识别与检测、贴片电感的识别与检测、贴片二极管的识别与检测、贴片三极管的识别与检测、贴片 IC 芯片的识别与检测。本任务主要是完成开关电源元器件的识别与检测，所需元器件采用套件下发，教学过程采用"教、学、做一体"或实训的教学模式，以便读者能熟练掌握贴片元器件的性能、特点、主要参数和标注方法，掌握贴片元器件功能好坏的判断，完成既定的各项学习任务，切实培养读者的实际操作能力。

如何识别贴片元器件的主要参数、极性和引脚？如何判断贴片元器件功能好坏？

任务要求

1．掌握贴片电阻、贴片电感、贴片电容的识别与检测。

2．掌握贴片二极管、贴片三极管的识别与检测。

3．掌握贴片 IC 芯片的识别与检测。

知识链接

一、SMT 贴片元器件常见封装类型

贴片元器件封装形式是半导体器件的一种封装形式。常见的贴片元器件的封装有阻容元器件的封装如 1206、0805、0603、0402、0201 等，如图 2-1-1 所示，以及贴片芯片的封装，如 SOP、QFP、PLCC、BGA 等，如图 2-1-2 所示。

元器件封装类型是元器件的外观尺寸和形状的集合，它是元器件的重要属性之一。电子元器件有很多种，外形也是各不相同，即使相同电子参数的元器件也可能有不同的封装类型，厂家按照相应封装标准生产元器件以保证元器件的装配使用和特殊用途。SMT 表面贴装技术采用的就是 SMT 贴片元器件。因此在学习 SMT 技术时，需掌握 SMT 贴片元器件常见封装类型，具体见表 2-1-1。

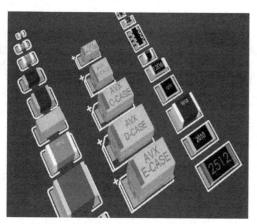

图 2-1-1　贴片阻容元器件实物图

图 2-1-2　芯片 SOP 封装实物图

表 2-1-1　贴片元器件常见封装类型

封装类型	图示	应用范围	备注
Chip		电阻 电容 电感	片式元件
MLD（Molded Body）		钽电容 二极管	模制本体元件
CAE（Aluminum Electrolytic Capacitor）		铝电解电容	有极性
MEF（Metal Electrode Face）		圆柱形玻璃 二极管	两个金属电极，有极性
SOT（Small Outline Transistor）	SOT 23　SOT 143　SOT 25　SOT 26 STANDARD	三极管 效应管	主要用于小型晶体管
SOD（Small Outline Diode）		二极管	主要用于小型二极管
SOP（Small Outline Package）		芯片	小型封装，引脚从封装两侧引出呈海鸥翼状（L 字形）

封装类型	图示	应用范围	备注
LCC （Leadless Chip Carrier）		芯片	无引脚芯片载体：指陶瓷基板的 4 个侧面只有电极接触而无引脚的表面贴装型封装。基材主要采用陶瓷
PLCC （Plastic Leaded Chip Carrier）		芯片	引脚从封装的 4 个侧面引出，呈丁字形或 J 形，基材主要采用塑料
DIP （Dual In-line Package）		变压器 开关 芯片	双列直插式封装：引脚从封装两侧引出
BGA （Ball Grid Array）		芯片	球形栅格阵列：在印刷基板的背面按陈列方式制作出球形凸点用以代替引脚
QFN （Quad Flat No-lead）		芯片	四方扁平无引脚器件
QFP （Quad Flat Package）		芯片	四方扁平封装：引脚从 4 个侧面引出呈海鸥翼（L）形。基材有陶瓷、金属和塑料 3 种

1. 贴片电阻的常见命名方法

贴片电阻的常见命名方法包含电阻精度为 ±5% 的命名，如 RS-05K102JT 和电阻精度为 ±1% 的命名，如 RS-05K1002FT 两种。电阻命名具体含义如下：

R：表示电阻。

S：表示功率，0402 是 1/16W、0603 是 1/10W、0805 是 1/8W、1206 是 1/4W、1210 是 1/3W、1812 是 1/2W、2010 是 3/4W、2512 是 1W。

05：表示尺寸（英寸），02 表示 0402、03 表示 0603、05 表示 0805、06 表示 1206、1210 表示 1210、1812 表示 1812、10 表示 2010、12 表示 2512。

K：表示温度系数为 100ppm。

102 是 5% 精度阻值表示法：前两位表示有效数值，第三位表示有多少个零，基本单位是 Ω，102=1000Ω=1kΩ。

1002 是 1% 阻值表示法：前三位表示有效数值，第四位表示有多少个零，基本单位是 Ω，1002=10000Ω=10kΩ。

J：表示精度为 5%。

F：表示精度为 1%。

T：表示编带包装。

贴片电阻阻值误差精度有 ±1%、±2%、±5%、±10%，常规用得最多的是 ±1% 和 ±5%。±5% 精度的常规是用 3 位数来表示，例如 512，前面两位是有效数字，第三位数 2 表示有多少个零，基本单位是 Ω，这样就是 5100Ω，如 1000Ω=1kΩ，1000000Ω=1MΩ。

为了区分 ±5%、±1% 的电阻，于是 ±1% 的电阻常规多数用 4 位数来表示，这样前三位表示有效数值，第四位表示有多少个零，4531 也就是 4530Ω，也就等于 4.53kΩ。

2. 贴片阻容元器件封装与尺寸

贴片阻容元器件尺寸包含元器件长度、宽度和厚度，具体尺寸标示如图 2-1-3 所示。贴片阻容元器件封装与尺寸表见表 2-1-2。

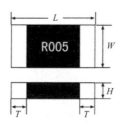

图 2-1-3 贴片阻容元器件尺寸标示

表 2-1-2 贴片阻容元器件封装与尺寸表

英制 /mil	长（L）/mm	宽（W）/mm	高（H）/mm	额定功率（70℃）	最大工作电压 /V
0201	0.60±0.05	0.30±0.05	0.23±0.05	1/20W	25
0402	1.00±0.10	0.50±0.10	0.30±0.15	1/16W	50
0603	1.60±0.15	0.80±0.15	0.40±0.10	1/16W 1/10W	50
0805	2.00±0.20	1.25±0.15	0.50±0.10	1/16W 1/8W	150
1206	3.20±0.20	1.60±0.15	0.55±0.10	1/8W 1/4W	200
1210	3.20±0.20	2.50±0.20	0.55±0.10	1/4W 1/3W	200
1812	4.50±0.20	3.20±0.20	0.55±0.10	1/2W	200
2010	5.00±0.20	2.50±0.20	0.55±0.10	1/2W 3/4W	200
2512	6.40±0.20	3.20±0.20	0.55±0.10	1W	200

2. 贴片元器件与插件元器件的区别

通过贴片元器件与插件元器件在外观、焊接形式和性能方面进行对比，主要有以下特点，见表 2-1-3。

表 2-1-3　贴片元器件与插件元器件的区别

对比项目	贴片元器件	插件元器件
外观	体积小、没有引脚	体积大、有引脚
焊接形式	采用自动化生产、回流焊接	主要采用手工焊接
性能	功耗低、节省原材料、性能好	功耗高、原材料需求大

二、贴片电阻、电容、电感的识别与检测

（一）贴片电阻的识别与检测

1. 贴片电阻的表示方法

贴片电阻的阻值及误差一般可用数字标记印在电阻器上或用色环表示，下面只介绍数字表示法。

（1）采用 3 位数表示：误差值为 5% 的贴片电阻一般用 3 位数标印在电阻器上，其中前两位表示有效数值，第三位表示 10^n 次方。

如图 2-1-4 所示电阻标示为 322，即 $32×10^2Ω=3.2kΩ$，则该电阻为 3.2kΩ。

（2）采用 4 位数表示：误差值为 1% 的精密电阻通常用 4 位数字表示，前 3 位为有效数值，第四位表示 10^n 次方。如图 2-1-5 所示，电阻标示为 8222，即 $R=822×10^2Ω=82.2kΩ$，则该电阻为 82.2kΩ。

图 2-1-4　贴片电阻 3 位数标示法

图 2-1-5　贴片电阻 4 位数标示法

（3）小于 10Ω 的阻值用字母 R 与两位数字表示：5R6=5.6Ω，3R9=3.9，R82=0.82Ω。

（4）SMD 型的排电阻：通常用 RP×× 表示，如 10K OHM 8P4R 表示 8 个脚由 4 个独立电阻组成，阻值为 10kΩ 的排电阻。

2. 典型贴片电阻的识别

（1）贴片电阻。随着电路板越来越小型化，贴片电阻应用得越来越多，贴片普通电阻主要有矩形片状、圆柱状两种。它具有体积小、重量轻、安装密度高、抗震性强、抗干扰能力强、高频特性好等优点，可大大节约电路空间成本，使设计更精细化。常见的贴片电阻实物如图 2-1-6 所示。

（2）排电阻。排电阻是将若干个参数完全相同的电阻集中封装在一起组合制成的。它们的一个引脚都连到一起，作为公共引脚。其余引脚正常引出。所以如果一个排电阻

是由 n 个电阻构成的，那么它就有 $n+1$ 个引脚，一般来说，最左边的那个是公共引脚。它在排电阻上一般用一个色点标出来。排电阻具有装配方便、安装密度高等优点，一般应用在数字电路上，比如，作为某个并行口的上拉或者下拉电阻用，同时使用排电阻比用若干个固定电阻更方便。典型的排电阻的电路符号和实物外形如图 2-1-7 所示。

图 2-1-6　贴片电阻实物外形图

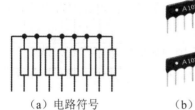

　（a）电路符号　　　　（b）插件封装排电阻　　（c）贴片封装排电阻

图 2-1-7　排电阻的电路符号和实物外形

（二）贴片电容的识别与检测

1. 电容的表示方法

贴片电容的标称容值及误差一般可用数字标记印在电阻器上或用色环表示；数字表示方法一般用 3 位数字，前两位表示有效数值，第三位表示 10^n 次方，单位为 pF。

（1）大型电容器表示：如钽电容，一般电容值直接印在电容器上。如图 2-1-8 所示的钽电容（SMD），标示出电容值为 10μF，电压值为 16VDC。标示负极朝左边。

（2）无极性片状电容表示：无极性片状电容在元器件表面不标示，识别时要从料盘上进行区分或直接测量，如图 2-1-9 所示。一般用 3 位数标印在电容器上，其中前两位表示有效数值，第三位表示 10^n。

图 2-1-8　贴片钽电容示意图　　　　　　图 2-1-9　无极性电容示意图

473 表示 47000pF，即 473=47×10^3pF=4700pF。

103 表示 10000pF，即 103=10×10^3pF=0.01μF。

2. 典型贴片电容的识别

（1）贴片电容。贴片电容和贴片电阻一样也是随着电路板小型化而产生的。功能和作用与普通电容一样。典型的贴片电容实物如图 2-1-10 所示。

图 2-1-10　贴片电容实物图

（2）钽电容。它用金属钽或者铌做正极，用稀硫酸等配液做负极，用钽或铌表面生成的氧化膜做介质制成，其特点是体积小、容量大、性能稳定、寿命长、绝缘电阻大、温度特性好，用在要求较高的设备中。钽电容表面有文字表明其方向、容值，通常有一条横线的那边标志钽电容的负极，其实物图如图 2-1-11 所示。钽电容规格通常有：A 型、B 型、C 型、P 型。

（3）排电容。排电容简称排容，由若干个电容排列而成的电容阵列，若干个参数完全相同的电容，它们的一个引脚都连到一起，作为公共引脚，其余引脚正常引出。典型的排电容实物如图 2-1-12 所示。

图 2-1-11　钽电容实物图

图 2-1-12　排电容实物图

（三）贴片电感的识别与检测

1. 电感的表示方法

贴片电感的电感值及误差一般用数字标示法和色环标示法表示。

（1）数字标示法：是将贴片电感的电感值及误差，以数字值的形式直接标在电感的本体上，如 100μH、30μH 等，这种标称一般用在体积比较大的 PTH 电感上，如磁环电感器，如图 2-1-13 所示的贴片电感。

（2）色环标示法：是用色环码表示贴片电感的电感值及误差，其实物如图 2-1-14 所示，此方法与色环电阻标示法类似，具体标示格式可参照色环电阻标示法，此处不再赘述。色环码分别为：所对应的数字分别为 1、2、3、4、5、6、7、8、9、0，具体见表 2-1-4，例如，红、红、黑银电感量为 22μH±10%，此类标称一般应用在色环电感上。

图 2-1-13　贴片电感实物图　　　　　图 2-1-14　贴片色环电感器实物图

表 2-1-4　电感色环颜色对照表

色环颜色	第一色环（有效数值）	第二色环（有效数值）	第三色环（倍数）	误差
黑	0	0	1	
棕	1	1	10	
红	2	2	100	
橙	3	3	1000	
黄	4	4	10000	
绿	5	5	100000	
蓝	6	6	1000000	
紫	7	7		
灰	8	8		
白	9	9		
金			0.1	±5%
银			0.01	±10%

2.　典型贴片电感的识别

（1）绕线型贴片电感。贴片电感的功能和作用与普通电感基本相同，主要有 4 种类型，即绕线型、叠层型、编织型和薄膜片型电感，常用的是绕线型和叠层型两种类型。绕线型贴片电感是传统绕线电感小型化的产物，绕线型贴片电感实物如图 2-1-15 所示。它的特点是电感量范围广（mH ～ H），电感量精度高，损耗小（即 Q 大），容许电流大、制作工艺继承性强、简单、成本低等，但不足之处是在进一步小型化方面受到限制。

图 2-1-15　绕线型贴片电感实物图

（2）叠层型贴片电感。叠层型贴片电感采用多层印刷技术和叠层生产工艺制作，体积比绕线型贴片电感还要小，是电感元器件领域重点开发的产品，叠层型贴片电感实物如图 2-1-16 所示。它具有良好的磁屏蔽性、烧结密度高、机械强度好。不足之处是合格率低、成本高、电感量较小、Q 值低。

图 2-1-16　叠层型贴片电感实物图

它与绕线型贴片电感相比有诸多优点：尺寸小，有利于电路的小型化，磁路封闭，不会干扰周围的元器件，也不会受临近元器件的干扰，有利于元器件的高密度安装；一体化结构，可靠性高；耐热性、可焊性好；形状规整，适合自动化表面安装生产。

三、贴片二极管、贴片三极管的识别与检测

（一）贴片二极管的识别与检测

1. 贴片二极管的识别

贴片二极管和贴片电阻、电容一样也是随着电路板小型化而产生的。功能和作用与插件二极管一样。典型的贴片二极管实物如图 2-1-17 所示。

图 2-1-17　贴片二极管实物图

2. 贴片二极管的检测

在工程技术中，贴片二极管与普通二极管的内部结构基本相同，均由一个 PN 结组成。因此，贴片二极管的检测与普通二极管的检测方法基本相同。对贴片二极管的检测通常采用万用表的 R×100Ω 挡或 R×1kΩ 挡进行。

（1）贴片二极管正负极性的判断。普通贴片二极管正、负极判别通常观察管子外壳标示即可，当遇到外壳标示磨损严重时，可利用万用表欧姆挡进行判别、检测。将万用表置于 R×100Ω 挡或 R×1kΩ 挡，先用万用表红、黑两表笔任意测量贴片二极管两引脚间的电阻值，然后对调表笔再测一次。在两次测量结果中，选择阻值较小的一次为准，黑表笔所接的一端为贴片二极管的正极，红表笔所接的另一端为贴片二极管的负极；所测阻值为贴片二极管正向电阻（一般为几百欧至几千欧），另一组阻值为贴片二极管反向电阻（一般为几十千欧至几百千欧）。

（2）贴片二极管性能好坏判别。对普通贴片二极管性能好坏的检测通常在开路状态

（脱离电路板）下进行，测量方法如下：用万用表 R×100Ω 挡或 R×1kΩ 挡测量普通贴片二极管的正、反向电阻。根据二极管的单向导电性可知，其正、反向电阻相差越大，说明其单向导电性越好。若测得正、反向电阻相差不大，说明贴片二极管单向导电性能变差；若正、反向电阻都很大，说明贴片二极管已开路失效；若正、反向电阻都很小，则说明贴片二极管已击穿失效。当贴片二极管出现上述 3 种情况时，须更换二极管。

（二）贴片三极管的识别与检测

1. 贴片三极管的识别

贴片三极管和贴片电阻、电容一样也是随着电路板小型化而产生的，功能和作用与插件三极管一样。贴片三极管有 3 个引脚的，也有 4 个引脚的。在 4 个引脚的三极管中，比较大的一个引脚是集电极，两个相通引脚是发射极，余下的一个引脚是基极，贴片三极管实物如图 2-1-18 所示。

图 2-1-18　贴片三极管实物图

2. 贴片三极管的检测

（1）直观法判断三极管。贴片三极管有 3 个电极的，也有 4 个电极的。一般 3 个电极的贴片三极管从顶端往下看有两边，上边只有一脚的为集电极，下边的两脚分别是基极和发射极。在 4 个电极的贴片三极管中，比较大的一个引脚是三极管的集电极，另有两个引脚相通是发射极，余下的一个是基极。

（2）数字式万用表检测三极管。利用数字万用表不仅可以判别三极管管脚极性、测量管子的共发射极电流放大系数 hFE，还可以鉴别硅管与锗管。由于数字万用表电阻挡的测试电流很小，因此不适用于检测三极管，应使用二极管挡或 hFE 挡进行测试。

将数字万用表置于二极管挡位，红表笔固定任接某个引脚，用黑表笔依次接触另外两个引脚，因此两次显示值均小于 1V 或都显示溢出符号 OL 或 "1"，则红表笔所接的引脚就是基极 B。如果在两次测试中，一次显示值小于 1V，另一次显示溢出符号 OL 或 "1"（视不同的数字万用表而定），则表明红表笔接的引脚不是基极 B，应更换其他引脚重新测量，直到找出基极 B 为止。

基极确定后，用红表笔接基极，黑表笔依次接触另外两个引脚，如果显示屏上的数值都显示为 0.600～0.800V，则所测三极管属于硅 NPN 型中、小功率管。其中，显示数值较大的一次，黑表笔所接引脚为发射极。如果显示屏上的数值都显示为 0.400～0.600V，则所测三极管属于硅 NPN 型大功率管。其中，显示数值大的一次，黑表笔所接的引脚为发射极。用红表笔接基极，黑表笔先后接触另外两个引脚，若两次都显示溢出符号 OL 或 "1"，调换表笔测量，即黑表笔接触基极，红表笔接触另外两个引脚，显示数值都大于 0.400V，则表明所测三极管属于硅 PNP 型，此时数值大的那次，红表笔所接的引脚为发射极。数字万用表在测量过程中，若显示屏上的数值都小于 0.400V，则所测三极管属于锗管。

任务实施

开关稳压电源元器件的识别与检测工卡

按要求完成开关稳压电源元器件的识别与检测工卡，本套元器件是按所需元器件的 120% 配置，请准确清点和检查全套装配元器件的数量和质量，进行元器件的识别与检测，筛选所需元器件。掌握贴片元器件的识别与检测，列出元器件的清单表，简述贴片电阻、贴片电容、贴片电感、贴片二极管、贴片三极管的质量检测方法与步骤。培养学生干一行、爱一行，天下大事，必作于细的专注精神。

思考题

1. 什么是 THT 技术？有什么特点？
2. 简述贴片元器件与插件元器件的异同点。

任务二　电路的组装与调试——以开关稳压电源为例

任务描述

本任务的开关稳压电源电路主要使用贴片元器件进行组装，主要包含手工焊接贴片元器件和电路的布局等；电路的调试是按照电路设计要求调试电路功能、排除电路故障的过程。因此掌握手工焊接贴片元器件与电路调试等技能，显得至关重要。

手工焊接贴片元器件是电子产品装配中的一项进阶操作技能，适用于产品试制、电子产品的小批量生产、电子产品的调试与维修以及某些不适合自动焊接的场合。它是利用电烙铁或热风枪加热被焊金属件和锡铅焊料，熔融的焊料润湿已加热的金属表面使其形成合金，待焊料凝固后将被焊金属件连接起来的一种焊接工艺，故又称为锡焊。尽管目前现代化企业已经普遍使用 SMT 生产工艺，但产品试制、电子产品的小批量生产、电子产品的调试与维修以及某些不适合 SMT 的场合目前还采用手工焊接贴片元器件。因此，手工焊接贴片元器件是一项实践性很强的操作技能，在了解一般方法后，要多练，多实践，才能较好地掌握手工焊接贴片元器件技术，在实践教学过程中，手工焊接贴片元器件也是必不可少的训练内容。

手工焊接贴片元器件的步骤和工艺要求有哪些注意事项？SMT 组装方式有哪些？简述 SMT 生产工艺流程。

任务要求

1. 掌握 SMT 技术、工艺流程和 SMT 生产线组成结构。
2. 掌握手工焊接贴片元器件技术，完成开关稳压电源的组装焊接。
3. 掌握企业级修理技术，完成倒车雷达主板前执锡岗位工作任务。
4. 掌握电路的调试方法，完成开关稳压电源的调试任务。

知识链接

一、SMT 技术

（一）SMT 技术简介

SMT 是将无引脚或者短引线表面贴装元器件（SMC/SMD）安装在印刷电路板（PCB）的表面或者其他基板的表面上，通过回流焊接等方法，完成电路贴片元器件的组装。其生产车间示意图如图 2-2-1 所示。

图 2-2-1　SMT 生产车间示意图

（二）SMT 的发展历程

SMT 技术起源于美国，并一直重视在投资类电子产品和军事装备领域发挥 SMT 高组装密度和高可靠性能方面的优势，具有很高的水平。

日本在 20 世纪 70 年代从美国引进 SMT 应用在消费类电子产品领域，并投入巨资大力加强基础材料、基础技术和推广应用方面的开发研究工作，从 20 世纪 80 年代中后期起加速了 SMT 在产业电子设备领域中的全面推广应用，仅用 4 年时间就使 SMT 在计算机和通信设备中的应用数量增长了近 30%，在传真机中增长 40%，使日本很快超过了美国，在 SMT 方面处于世界领先地位。

欧洲各国 SMT 的起步相对较晚，但它们重视发展并有较好的工业基础，发展速度也很快，其发展水平和整机中 SMC/SMD 的使用效率仅次于日本和美国。

我国 SMT 的应用起步于 20 世纪 80 年代初期，最初从美、日等国成套引进了 SMT 生产线用于彩电调谐器、录像机、摄像机及袖珍式高档多波段收音机。随着我国电子工艺水平的不断提高，我国已成为世界电子产业的加工厂。表面贴装技术（SMT）是电子先进制造技术的重要组成部分，SMT 的迅速发展和普及，对于推动当代信息产业的发展起到了独特的作用。目前，SMT 已广泛应用于各行各业的电子产品组件和器件的组装中。信息产业和电子产品的飞速发展使得对 SMT 的技术需求相应增加，我国电子制造业急需大量掌握 SMT 知识的专业技术人才。

（三）SMT 的特点

SMT 的特点可以通过其与传统通孔插装技术（THT）的差别体现出来。从组装工艺技术的角度来看，SMT 和 THT 的最根本区别就是"贴"和"插"。两者的区别还体现在基板、元器件、组件形态、焊点形态和组装工艺方法各个方面。

所谓表面贴装技术，就是把片状结构的元器件或适合表面组装的小型化元器件，根据电路的要求放置在 PCB 板的表面上，用回流焊等焊接工艺装配起来，构成能实现功能的电子部件的组装技术。SMT 和 THT 元器件安装焊接方式的区别如图 2-2-2 所示。在传统的 THT 印制电路板上，元器件和焊点位于板的不同面，而在 SMT 电路板上，焊点与元器件都在板的一个面上。因此，在 SMT 的印制电路板上，通孔就相当于连接电路板两个面的导线，孔的数量没有 THT 那么多，而且孔的直径也小很多。这样，就能够在电路板上装配更多的元器件。

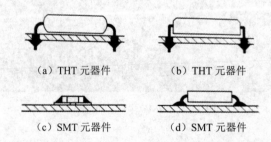

(a) THT 元器件　　　　(b) THT 元器件

(c) SMT 元器件　　　　(d) SMT 元器件

图 2-2-2　SMT 和 THT 元器件安装焊接方式的区别

SMT 是从传统的通孔插装技术（THT）发展起来的，但又区别于传统的 THT。SMT 与 THT 比较具有以下突出优点：

（1）组装密度高、电子产品体积小、重量轻，贴片元器件的体积和重量只有传统插装元器件的 1/10 左右，一般采用 SMT 之后，电子产品体积缩小 40% ～ 60%，重量减轻 60% ～ 80%。

（2）可靠性高、抗振能力强。焊点缺陷率低。

（3）高频特性好，减少了电磁和射频干扰。

（4）易于实现自动化，提高生产效率。

（5）降低成本达 30% ～ 50%，节省材料、能源、设备、人力、时间等。

（四）SMT 的发展趋势

SMT 工艺技术的发展和进步主要朝着以下 4 个方向发展：

第一，与新型表面组装元器件的组装要求相适应。随着元器件引脚细间距化，0.3mm 引脚间距的微组装技术已趋向成熟，并正在向着提高组装质量和提高一次组装通过率方向发展。随着元器件底部阵列球形引脚形式的普及，与之相适应的组装工艺及检测、返修技术已趋向成熟，同时仍在不断完善之中。

第二，与新型组装材料的发展相适应。为适应绿色组装的发展和无铅焊等新型组装材料投入使用后的组装工艺要求，相关工艺技术研究正在进行当中。

第三，与现代电子产品的品种多、更新快特征相适应。为适应多品种、小批量生产和产品快速更新的组装要求，组装工序快速重组技术、组装工艺优化技术、组装设计制造一体化技术正在不断提出和研究当中。

第四，与高密度组装、三维立体组装、微机电系统组装等新型组装形式的组装要求相适应。适应高密度组装、三维立体组装的组装工艺技术，是今后一个时期内研究需要注意的内容。

同时严格按照方位、精度等特殊要求组装的表面组装工艺技术，也是今后一个时期内需要研究的内容，如机电系统的表面组装等。

（五）SMT 的工艺名词术语

- 表面贴装组件（Surface Mount Assembly，SMA）：采用表面贴装技术完成贴装的 PCB 板组装件。
- 表面贴装元件（Surface Mounted Component，SMC）：主要指一些无源元件，像电阻、电感并不需分极性。
- 表面贴装器件（Surface Mounted Device，SMD）：主要是指有源器件，像电容 IC 类，需要分正负极的。
- 焊锡膏（solder paste）：焊锡膏也叫锡膏，灰色膏体。焊锡膏是伴随着 SMT 应运而生的一种新型焊接材料，是由焊锡粉、助焊剂以及其他的表面活性剂、触变剂等加以混合，形成的膏状混合物。常用的焊锡膏由锡铅合金组成，一般比例为 63（Sn）/37（Pb）。
- 钢网（metal stencil）：在不锈钢网板上开孔使之与 PCB 焊盘完全对应的模板，称为钢网。
- 印刷机（printer）：用于钢网印刷的专用设备。
- 贴片机（placement equipment）：完成表面贴装元器件贴片功能的专用工艺设备。

- 回流焊（reflow soldering）：通过熔化预先分配到 PCB 焊盘上的焊膏，实现表面贴装元器件与 PCB 焊盘的连接。
- 贴片检验（placement inspection）：贴片完成后，对于是否有漏贴、错位、贴错、元器件损坏等情况进行的质量检验。
- 炉后检验（inspection after soldering）：对贴片完成后经回流炉焊接或固化的 PCB 的质量检验（中大型企业采用 AOI 设备检测）。
- 炉前检验（inspection before soldering）：贴片完成后在回流炉焊接或固化前进行贴片质量检验（中大型企业采用 AOI 设备检测）。

（六）SMT 生产系统的基本组成

由印刷机、贴片机、回流焊机、测试设备等表面组装设备组成的 SMT 生产系统习惯上称为 SMT 生产线。下面是 SMT 生产线的一般工艺过程，其中的焊锡膏印刷方式、贴装方式、焊接方式，都可根据组线方式的不同而有所不同。

（1）印刷：其作用是将要印刷的图像使用焊锡膏印刷在 PCB 板上。所用设备为印刷机，位于 SMT 生产线的首位。

（2）贴装：其作用是将表面组装元器件准确地安装到 PCB 的固定位置上。所用设备为贴片机，位于 SMT 生产线中印刷机的后面。

（3）回流焊接：其作用是将焊锡膏熔化，使表面组装元器件与 PCB 上的焊盘牢固粘接在一起。所用设备为回流焊炉，位于 SMT 生产线中贴片机的后面。

（4）AOI 检测：其作用是当自动检测时，机器通过摄像头自动扫描 PCB，采集图像，将测试出来的焊点与数据库的合格参数做对比，然后用图像处理，检查 PCB 上的缺陷。所用设备为无针床在线测试仪，位于回流焊炉的后面。

（5）返修：其作用是对检测出故障的 SMA 进行返工维修。所用工具及设备为电烙铁、返修工作站等，可以配置在生产线中任意位置。

根据组装对象、组装工艺以及组装方式的不同，SMT 的生产线有许多种组线方式。图 2-2-3 所示为现代电子企业 SMT 生产线的基本组成单元，包含全自动印刷机、贴片机、自动检测仪、回流焊炉等单元，可用于单双面组装，也称为 SMT 自动化生产线。

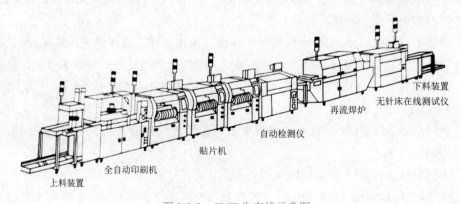

图 2-2-3　SMT 生产线示意图

二、SMT 生产工艺流程

(一) SMT 组装方式

随着表面贴装技术的发展，电子产品的组装方式已不再是传统的 THT 插装技术，而变得形式多样。当前 SMT 主要组装方式包括全贴片组装型、双面混装型、单面混装型。全贴片组装型又分为单面全贴片组装和双面全贴片组装；双面混装型又分为插件元器件和贴片元器件均分布在 A 面，插件元器件在 A 面和贴片元器件分布在 A、B 面，插件元器件和贴片元器件分布在 A、B 面。SMT 组装方式见表 2-2-1。不同组装类型有不同的工艺流程，同一组装类型也可以有不同的工艺流程。

表 2-2-1 SMT 的组装方式

组装方式		示意图	特点	焊接方法
全贴片组装型	单面全贴片组装	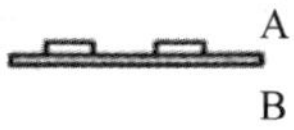	电路组装都在 A 面，工艺简单	回流焊
	双面全贴片组装	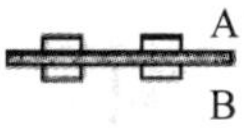	高密度组装 轻薄化	回流焊
双面混装型	SMC、SMD 和 THT 均分布在 A 面	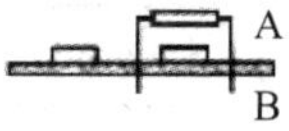	高密度组装 采用 SMT，后 THT	回流焊 波峰焊
	THT 在 A 面；SMC/SMD 在 A 面；SMC 在 A 面和 B 面	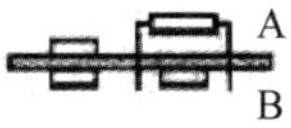	高密度组装 采用 SMT，后 THT	回流焊 波峰焊
	SMC、SMD 和 THT 均在 A 面和 B 面	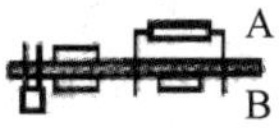	工艺复杂 很少采用	回流焊 波峰焊 手工焊 选择波峰焊
单面混装型	SMC 在 B 面；THT 在 A 面		采用先贴后插，PCB 成本低，工艺简单	回流焊 波峰焊

(二) SMT 生产工艺流程

（1）全面贴片组装型：全面贴片组装型 SMT 组建只含有表面组装元器件，可以是单面全贴片组装，也可以是双面贴片组装，其工艺流程图如图 2-2-4 所示。单面组装型工艺相对简单，适用于小型、薄型简易电路，如智能手环、遥控器等。双面贴片组装型 A 面布有大型 IC 元器件，B 面以片式元器件为主，可以充分利用 PCB 空间，实现安装面积最小化，但工艺控制复杂，要求严格，需采用双面回流焊工艺，常用于密集型或超小型电子产品，如手机、计算机等。

单面贴片组装型即 PCB 单面有 SMC/SMD 元器件，根据元件情况采用普通熔点焊膏、使用回流焊焊接 A 面。具体工艺流程如下：印焊锡膏→贴装→回流焊接→清洗→若检测合格完成贴片，若不合格则返修。

　　双面贴片组装型即 PCB 双面均有 SMC/SMD 元器件，根据元器件情况主要采用低熔点焊膏、使用回流焊、先焊接 A 面再焊接 B 面。具体工艺流程如下：A 面印焊锡膏→ A 面贴装→ A 面回流焊接→ A 面检测→翻面→ B 面印焊锡膏→ B 面贴装→ B 面回流焊接→ B 面清洗→ B 面检测→若检测合格完成贴片，若不合格则返修。

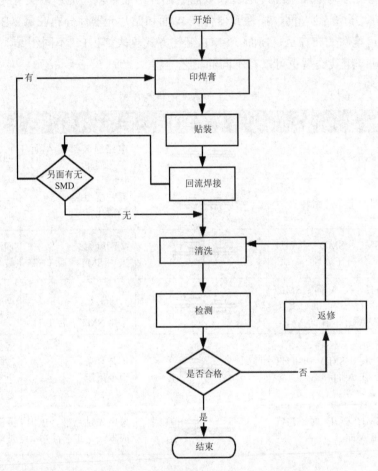

图 2-2-4　全面贴片组装型工艺流程

　　（2）双面混装型是全面贴片组装型与单面混装型相结合的结果。PCB 双面都有 SMD/SMC，而 THT 只在 A 面，混合组装工艺较复杂，其工艺流程如图 2-2-5 所示。双面混合组装采用先贴片后插件的方法进行组装。

　　双面混装型的 THT 通孔元器件分为自动插装和手工插装。自动插装是双面混装型最普遍采用的工艺方法，自动插装的工艺流程为：A 面印焊膏→ A 面贴片→ A 面回流焊→ A 面自动插装 THC（通孔插装元器件）→手工焊接 THC →翻面→ B 面印焊膏→ B 面贴片→ B 面波峰焊→ B 面清洗→ B 面检测→若检测合格完成贴片，若不合格则返修。手工插装主要有两种方法，手工插装的两种工艺方法流程：① A 面印焊膏贴装回流焊→

翻面→ B 面点胶固化→翻面→手工插装 THC →翻面→ B 面过波峰焊（焊接 B 面 THC 和 SMC）；② B 面点胶贴片固化→翻面→ A 面印焊膏贴片回流焊→手工插装 THC →翻面→ B 面波峰焊接。这两种方法不能采用自动插装，因为会导致 A 面元器件损失，B 面元器件脱落。

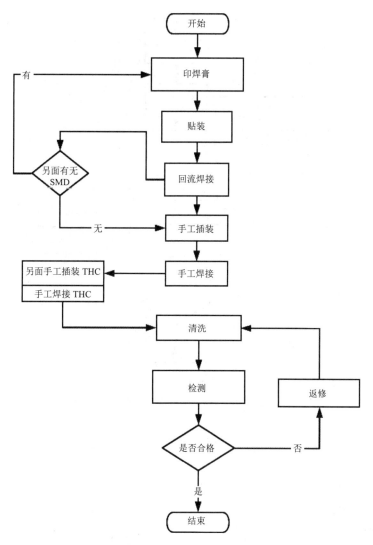

图 2-2-5　双面混装型工艺流程

（3）单面混装型 SMT 元器件，THT 在 A 面，片式元器件 SMC 在 B 面。单面混装型一般是由传统 THT 电路板改型到 SMT 时的初入型或过渡型，其工艺流程如图 2-2-6 所示。其有两种方法：先贴后插和先插后贴。前者 PCB 成本低，工艺简单，后者工艺复杂。

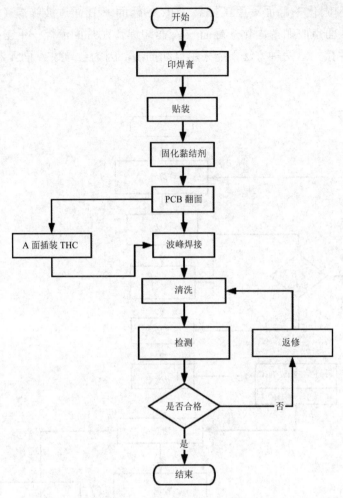

图 2-2-6 单面混装型工艺流程

三、手工焊接贴片元器件

（一）贴片元器件焊接常用工具的使用

贴片元器件焊接常用工具有热风枪、恒温焊台、镊子、防静电手环、台式放大镜等，本节着重介绍热风枪、台式放大镜和防静电手环的使用。

1. 热风枪的使用

（1）热风枪简介。热风枪主要是利用发热电阻丝的枪芯吹出的热风来对元器件进行焊接与摘取的工具。根据热风枪的工作原理，热风枪控制电路的主体部分应包括温度信号放大电路、比较电路、可控硅控制电路、传感器、风控电路等。另外，为了提高电路的整体性能，还应设置一些辅助电路，如温度显示电路、关机延时电路和过零检测电路。设置温度显示电路是为了便于调温。温度显示电路显示的温度为电路的实际温度，学生在操作过程中可以依照显示屏上的温度来手动调节。热风枪的主要组成部分有电源开关、风速调节旋钮、温度调节旋钮、风枪手柄、风枪支架、风嘴等，其实物图如图 2-2-7 所示。根据焊接元器件的大小，需选择不同的风嘴。

图 2-2-7　热风枪实物图

（2）热风枪的使用步骤。

1）使用前应该确信已经可靠接地，防止工具上的静电损坏元器件。

2）应该调整到合适的温度和风量，根据不同的喷嘴形状、工作要求调整热风枪的温度和风量；电阻、电容等微小元器件的拆焊时间为 5s 左右，一般的 IC 拆焊时间为 15s 左右，小 BGA 拆焊时间为 30s 左右，大 BGA 拆焊时间为 50s 左右。

3）打开电源开关时要给热风枪预热至温度稳定后方可进行焊接，使用时焊铁部要在元器件上方 1～2cm 处均匀加热，不可触及元件。

4）安装喷嘴时勿用力过大或敲击，避免发热丝和内部电机损坏。

（3）热风枪使用注意事项。

1）操作时应注意高温，避免烫伤，切勿在易燃气体、易燃物体附近使用热风枪，注意人身安全，更换完部件离开时要关闭电源并待其冷却，长期不用应该拔出电源插头。

2）操作完成后，关掉电源开关，这时开始自动冷却时段，在冷却时段不可拔出电源插头。

3）在拆焊过程中，注意保护周边元器件的安全，防止损伤周边元器件。

4）在拆焊过程中，温度不宜设置过高，加热时间不宜过长，以免损坏元器件和电路板。

2. 台式放大镜的使用

台式放大镜是类似于台灯形状，放于桌面的放大镜，适用于电子工程师和维修人员对细微元器件、元器件密集的线路板进行观察和检验，或医务人员等需要照明放大的工作。其实物如图 2-2-8 所示。

台式放大镜具有放大与照明双重作用，可根据不同要求选择放大倍数；光线稳定可靠，毫无闪烁感，对视力毫无影响；可配置高级白色镜片，缓解因长时间使用而造成的视觉疲劳；有不同色彩可供选择，美化工作环境。

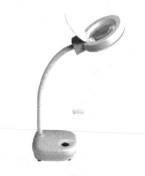

图 2-2-8　台式放大镜实物图

3. 防静电手环的使用

（1）防静电手环简介。防静电手环的作用是泄放人体的静电，防止人体的静电损坏静电敏感元器件，起到保护电子产品的作用。它由导电松紧带、活动按扣、弹簧 PU 线、鳄鱼夹等组成，其实物如图 2-2-9 所示。

（2）防静电手环的分类。防静电手环按种类分为有绳手腕带、无绳手腕带和智能防静电手腕带；按结构分为单回路手腕带和双回路手腕带等。

（3）防静电手环正确佩戴要求。

1）将双手清洁干净，并使之保持干燥，这样在接触电子元器件的时候会减少静电的产生，进而减少元器件的损伤。

2）将静电手环佩戴在手腕上，并将静电手环内测的金属片与皮肤紧密接触。注意，应将金属片与皮肤紧密接触，不能佩戴在衣服上。防静电手环正确佩戴如图 2-2-10 所示。

图 2-2-9　防静电手环实物图

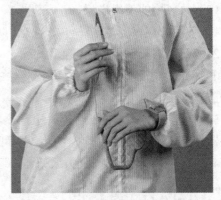

图 2-2-10　防静电手环正确佩戴图

3）将防静电手环的金属夹头夹在接地线的裸铜处，这样可以很好地将静电导出。

（二）使用热风枪拆焊贴片元器件

1. 使用热风枪拆卸与焊接芯片

（1）芯片的拆卸。第一步：设置风速为 4 速，温度为 300 ~ 350℃。第二步：用镊子夹住芯片，然后用热风枪加热芯片两端引脚，风嘴距离芯片 10 ~ 15mm，加热时间为 5 ~ 8s。第三步：待锡熔化后，用镊子夹走芯片。第四步：需充分冷却后，才能继续焊接。芯片的拆卸操作如图 2-2-11 所示。

标准要求：顺利拆卸芯片，不损坏芯片引脚和电路板焊盘，且芯片功能正常。

注意事项：加热时间不应过长以免烧坏电路板和元器件；加热时应尽量减少对周围元器件的损伤。

（2）芯片的焊接。第一步：用镊子夹住芯片，用热风枪加热焊盘。第二步：待锡熔化后，将芯片轻轻地放在焊盘上，引脚与焊盘一一对齐，不能有倾斜、浮高、偏移等现象，同时需注意芯片的方向性。第三步：焊接完后，首先移开热风枪，然后慢慢地移开镊子。

第四步：检查焊接质量。芯片的焊接操作如图 2-2-12 所示。

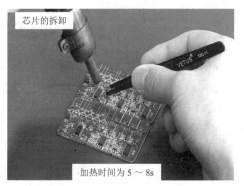

图 2-2-11 芯片的拆卸操作图

图 2-2-12 芯片的焊接操作图

标准要求：芯片有方向性，焊接时极性不应焊反，电路板上芯片丝印的标识点或缺口，应与芯片的标识点或缺口对应；芯片引脚应与焊盘一一对齐，没有连锡、少锡、偏移、浮高等现象。

2. 使用热风枪拆卸与焊接二极管

（1）二极管的拆卸。第一步：设置风速为 2 速，温度为 300 ～ 350℃。第二步：用镊子夹住二极管，然后用热风枪加热二极管两端引脚，风嘴距离二极管 10 ～ 15mm，加热时间为 5 ～ 8s。第三步：待锡熔化后，用镊子夹走二极管。第四步：需充分冷却后，才能继续焊接。二极管的拆卸操作如图 2-2-13 所示。

标准要求：顺利拆卸二极管，不损坏二极管引脚和电路板焊盘，且二极管功能正常。

注意事项：加热时间不应过长以免烧坏电路板和元器件；加热时应尽量减少对周围元器件的损伤。

（2）二极管的焊接。第一步：用镊子夹住二极管，用热风枪加热焊盘。第二步：待锡熔化后，将二极管轻轻地放在焊盘上，引脚与焊盘一一对齐，不能有倾斜、浮高、偏移等现象，同时需注意二极管的方向性。第三步：焊接完后，首先移开热风枪，然后慢慢地移开镊子。第四步：检查焊接质量。二极管的焊接操作如图 2-2-14 所示。

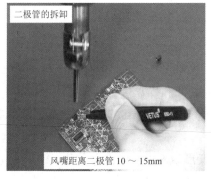

图 2-2-13 二极管的拆卸操作图

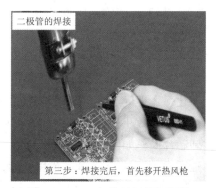

图 2-2-14 二极管的焊接操作图

标准要求：二极管有方向性，焊接时极性不应焊反；二极管引脚应与焊盘一一对齐，没有连锡、少锡、偏移、浮高等现象。

3. 使用热风枪拆卸与焊接阻容元器件

（1）阻容元器件的拆卸。第一步：设置风速为 2 速，温度为 300 ～ 350℃。第二步：用镊子夹住电阻，然后用热风枪加热电阻两端引脚，风嘴距离电阻 10 ～ 15mm，加热时间为 5 ～ 8s。第三步：待锡熔化后，用镊子夹走电阻。第四步：需充分冷却后，才能继续焊接。标准要求：阻容元器件的拆卸操作如图 2-2-15 所示。

标准要求：顺利拆卸阻容元器件，不损坏阻容元器件引脚和电路板焊盘，且阻容元器件功能正常。

注意事项：加热时间不应过长以免烧坏电路板和元器件；加热时应尽量减少对周围元器件的损伤。

（2）阻容元器件的焊接。第一步：用镊子夹住电阻，用热风枪加热焊盘。第二步：待锡熔化后，将电阻轻轻地放在焊盘上，引脚与焊盘一一对齐，不能有倾斜、浮高、偏移等现象。第三步：焊接完后，首先移开热风枪，然后慢慢地移开镊子。第四步：检查焊接质量。阻容元器件的焊接操作如图 2-2-16 所示。

图 2-2-15　阻容元器件的拆卸操作图

图 2-2-16　阻容元器件的焊接操作图

标准要求：电阻引脚与焊盘一一对齐，没有立碑、连锡、少锡、偏移、浮高等现象。

（三）使用电烙铁拆焊贴片元器件

1. 使用电烙铁拆卸与焊接芯片

（1）芯片的拆卸。第一步：使用拖焊技术给芯片引脚两端加锡，多加锡的目的是延长冷却时间，便于拆卸芯片。第二步：用镊子夹住芯片，反复拖焊加热芯片两端引脚，锡完全熔化后，拆卸芯片。第三步：对拆卸下来的芯片和焊盘进行处理，去除多余的锡。第四步：检查芯片引脚有无弯曲、变形或断裂，检查焊盘有无脱落、红漆是否损坏。电烙铁拆卸芯片操作如图 2-2-17 所示。

标准要求：顺利拆卸芯片，芯片引脚无弯曲、变形或断裂，焊盘无脱落、红漆无损坏。

注意事项：注意加热时间不应过长，以免损坏元器件和焊盘。拖焊过程中，不应用力过大，以免损坏芯片引脚和电路板。拆焊过程中，动作幅度不应过大，以免损坏周围元器件。

（2）芯片的焊接。第一步：使用拖焊技术在焊盘的一端镀一层薄薄的焊锡，另一端尽量减少焊锡量。第二步：将芯片轻轻地放在焊盘上，引脚与焊盘一一对齐，之后用电烙铁加热芯片镀锡端的焊盘，使芯片固定住。不能有倾斜、浮高、偏移等现象，同时需注意芯片的方向性。第三步：对芯片的另一端进行拖焊焊接，之后再焊接固定端。第四步：检查焊接质量。电烙铁焊接芯片操作如图 2-2-18 所示。

图 2-2-17 电烙铁拆卸芯片操作图

图 2-2-18 电烙铁焊接芯片操作图

标准要求：芯片有方向性，焊接时极性不应焊反，电路板上芯片丝印的标识点或缺口应与芯片的标识点或缺口对应；芯片引脚应与焊盘一一对齐，没有连锡、少锡、偏移、浮高等现象。

2. 使用电烙铁拆卸与焊接三极管

（1）三极管的拆卸。第一步：用电烙铁给三极管引脚两端加锡，多加锡的目的是延长冷却时间，便于拆卸三极管。第二步：用镊子夹住三极管，反复加热三极管两端引脚，锡完全熔化后，拆卸三极管，注意加热时间不应过长，以免损坏元器件和焊盘。第三步：对拆卸下来的三极管和焊盘进行处理，去除多余的锡。第四步：检查三极管引脚有无弯曲、变形或断裂，检查焊盘有无脱落。电烙铁拆卸三极管操作如图 2-2-19 所示。

图 2-2-19 电烙铁拆卸三极管操作图

标准要求：顺利拆卸三极管，三极管引脚无弯曲、变形或断裂，焊盘无脱落、红漆无损坏。

注意事项：注意加热时间不应过长，以免损坏元器件和焊盘。拖焊过程中，不应用力过大，以免损坏芯片引脚和电路板。拆焊过程中，动作幅度不应过大，以免损坏周围元器件。

（2）三极管的焊接。第一步：在焊盘的一端镀一层薄薄的焊锡，另一端尽量减少焊锡量。第二步：将三极管轻轻地放在焊盘上，引脚与焊盘一一对齐，之后用电烙铁加热三极管镀锡端的焊盘，使三极管固定住。不能有倾斜、浮高、偏移等现象，同时需注意三极管的方向性。第三步：对三极管的另一端加锡焊接，之后再焊接固定端。第四步：检查焊接质量。电烙铁焊接三极管操作如图 2-2-20 所示。

标准要求：三极管有方向性，焊接时极性不应焊反；三极管引脚应与焊盘一一对齐，没有连锡、少锡、偏移、浮高等现象。

3. 使用电烙铁拆卸与焊接阻容元器件

（1）阻容元器件的拆卸。第一步：用电烙铁给电阻引脚两端加锡，多加锡的目的是延长冷却时间，便于拆卸电阻。第二步：用镊子夹住电阻，反复加热电阻两端引脚，锡完全熔化后，拆卸电阻，注意加热时间不应过长，以免损坏元器件和焊盘。第三步：对拆卸下来的电阻和焊盘进行处理，去除多余的锡。第四步：检查电阻焊盘有无脱落。电烙铁拆卸阻容元器件操作如图 2-2-21 所示。

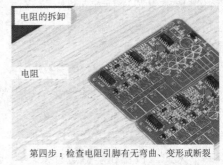

图 2-2-20　电烙铁焊接三极管操作图　　　　图 2-2-21　电烙铁拆卸阻容元器件操作图

标准要求：顺利拆卸电阻，电阻焊盘无脱落、红漆无损坏。

注意事项：注意加热时间不应过长，以免损坏元器件和焊盘。拖焊过程中，不应用力过大，以免损坏芯片引脚和电路板。拆焊过程中，动作幅度不应过大，以免损坏周围元器件。

（2）阻容元器件的焊接。第一步：在焊盘的一端镀一层薄薄的焊锡，另一端尽量减少焊锡量。第二步：将电阻轻轻地放在焊盘上，引脚与焊盘一一对齐，之后用电烙铁加热电阻镀锡端的焊盘，使电阻固定住。不能有倾斜、浮高、偏移等现象，同时需注意电阻的方向性。第三步：对电阻的另一端加锡焊接，之后再焊接固定端。第四步：检查焊接质量。电烙铁焊接阻容元器件操作如图 2-2-22 所示。

标准要求：电阻引脚与焊盘一一对齐，没有立碑、连锡、少锡、偏移、浮高等现象。

电阻的焊接

之后用电烙铁加热电阻镀锡端的焊盘

图 2-2-22　电烙铁焊接阻容元器件操作图

（四）贴片元器件焊接质量检查

当贴片元器件焊接完成后，需对焊接质量进行检查，检查电气连接和机械特性是否可靠、牢固，焊点是否标准美观，检验标准如下：

（1）焊点应有足够的机械强度：为保证被焊件在受到振动或冲击时不至脱落、松动，要求焊点要有足够的机械强度。

（2）焊接可靠，保证焊点的电气性能：焊点应具有良好的导电性能，必须要焊接可靠，防止出现虚焊。

（3）焊点表面整齐、美观：焊点的外观应光滑、圆润、清洁、均匀、对称、整齐、美观、充满整个焊盘并与焊盘大小比例合适，即焊点应为锥形焊点。

（4）元件安装准确无误，无立碑、倾斜、移位、错件、缺件、极性焊反等现象。

满足上述 4 个条件的焊点，才算是合格的焊点，具体如图 2-2-23 所示。

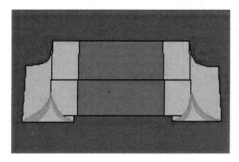

图 2-2-23　贴片元器件标准焊点示意图

（五）不良焊点的形成原因与解决方法

在焊接过程中，由于焊接时间、焊接温度掌握得不合适、焊料与助焊剂使用不均匀、焊接时手的抖动和焊接方法掌握不熟练等原因，造成焊接完成后焊接质量达不到标准，容易形成立碑、连锡、少锡和移位、铜箔翘起、包焊（焊锡过多）等不良焊点，贴片元器件不良焊点示意图如图 2-2-24 所示，下面具体分析不良焊点的形成原因与解决方法。

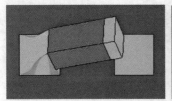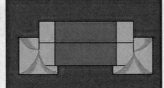

（a）立碑或浮高　　　　　　（b）少锡和移位　　　　　　　（c）包焊

（d）连锡　　　　　　　（e）少锡和移位　　　　　（f）包焊（焊锡过多）

图 2-2-24　贴片元器件不良焊点示意图

1. 立碑的形成原因与解决方法

形成原因：首先，焊盘镀锡时，焊锡过多，造成贴片元器件抬高而形成浮高；其次，焊接过程中，贴片元器件摆放位置不正或者手抖，造成贴片元器件浮高；再次，立碑主要是回流焊接时，元器件受热不均或者温度曲线设置不合适，而形成的。

解决方法：首先，焊盘镀锡时，只镀薄薄的一层锡，避免镀锡过多而抬高贴片元器件；其次，焊接时贴片元器件应摆正、放平，控制手的抖动，反复练习焊接，掌握正确的焊接方法和技巧；合理设置回流焊温度曲线，减少立碑的产生。

2. 连锡的形成原因与解决方法

形成原因：首先，焊料使用过多，造成焊点间连锡；其次，烙铁头烧黑不光亮，或焊锡中助焊剂完全挥发，使烙铁头无法带走多余的锡；再次，因为贴片元器件焊盘间距较小，反复长时间焊接容易破坏 PCB 板组焊层油漆，而形成连锡。

解决方法：首先，若焊料使用过多，则减少焊料；其次，对烙铁头进行清洁、镀锡，适当添加助焊剂，使用烙铁头带走多余的焊锡；再次，减少焊接时间和次数，保护好 PCB 板组焊层油漆。

3. 少锡和移位的形成原因与解决方法

形成原因：首先，焊料使用过少，造成焊点焊锡量不足；其次，焊接过程中，贴片元器件位置摆放移位或者手抖，造成贴片元器件未对齐而移位，从而形成少锡现象。

解决方法：首先，若焊料使用过少，则合理添加焊料；其次，焊接时贴片元器件应摆正、放平，控制手的抖动；再次，掌握正确的焊接方法和技巧，反复练习实践。

4. 铜箔翘起的形成原因与解决方法

形成原因：首先，焊接温度过高、焊接时间过长，使焊盘长时间受热，造成铜箔翘起；其次，焊接操作力度过猛，反复脱焊，而戳坏焊盘，使铜箔翘起。

解决方法：焊接温度为 300 ～ 350℃、焊接时间控制在 3 ～ 4s。焊接时掌握焊接力度和焊接技巧，反复练习实践，切不可用蛮力、暴力焊接。

5. 包焊的形成原因与解决方法

形成原因：首先，焊料使用过多，焊点焊锡量偏多；其次，焊接方法不正确，只加热了引脚，焊盘未充分加热，造成锡只在引脚上，未润湿焊盘；再次，焊点堆积而成，而不是焊料融合润湿后自然形成的。

解决方法：首先，若焊料使用过多，则减少焊料的使用；其次，掌握正确的焊接方法，加热时应使引脚和焊盘同时受热；再次，焊点不是堆积而成的，而是焊料融合润湿后自然形成的。

任务实施

1. 开关稳压电源组装与调试工卡

按要求完成开关稳压电源组装与调试工卡，本任务采用"教、学、做一体"或实训教学模式。通过任务的实施，使学生掌握 SMT 基础知识和 SMT 生产工艺流程，掌握手工焊接贴片元器件技术，完成开关稳压电源的组装焊接，掌握电路的调试方法，完成开关稳压电源的调试任务，培养学生的安全意识、节约意识、规范意识和环保意识，培养劳动光荣、劳动伟大的价值观。

2. 贴片元器件焊接工卡

按要求完成贴片元器件焊接工卡，本任务采用实训教学模式，配套数字化实训平台资源，使实训教学环境与企业的生产环境相结合，实训教学载体就是企业生产的产品。通过任务的实施，使学生熟练掌握贴片元器件焊接技术与工艺，掌握企业级焊接技术和工艺要求，按要求完成贴片 IC 芯片、贴片二极管、三极管焊接和贴片阻容器件焊接与修理生产任务。培养学生严谨、细心、追求高效、精益求精的工匠精神。

思考题

1. SMT 生产系统由哪几部分组成？
2. SMT 组装方式有哪几种？各有什么特点？
3. 简述贴片元器件焊接连锡的形成原因与解决方法。

任务三 企业案例——以倒车雷达 SMT 生产为例

任务描述

锡膏印刷作为 SMT 生产工艺流程的第一道工序，起着十分重要的作用。锡膏印刷质量的好坏直接影响回流焊接和 SMT 产品质量，因此控制好锡膏印刷的质量显得尤为重要。实现锡膏印刷的主要设备称为印刷机。印刷机的功能是先将要印刷的电路板固定在印刷定位台上，然后由印刷机的左右刮刀把锡膏或红胶通过钢网漏印于对应焊盘，对漏印均匀的 PCB，通过传输台传输至贴片机进行自动贴片。在 SMT 生产中，如何掌握印刷机的基本操作和工艺流程？怎样根据锡膏印刷质量标准判断锡膏印刷质量符合要求？回流焊机的功能、种类和发展方向是什么？

在 PCB 板上印好锡膏或红胶以后，用贴片机（贴装机）或手工贴片的方式，将 SMC/SMD 元器件准确地贴放到 PCB 表面焊盘相应位置上的过程，叫作贴片（贴装）工序。目前在国内的电子产品制造企业里，主要采用高速贴片机进行自动贴片。在维修或简单小批量的试制生产中，也可以采用手工贴片方式。在 SMT 生产中，如何掌握贴片机的基本操作和工艺流程？贴片机的功能、种类和发展趋势是什么？

回流焊技术是通过熔化预先印刷到 PCB 板焊盘上的焊锡膏，实现表面组装元器件焊端或引脚与 PCB 板焊盘之间机械与电气连接的技术。这种焊接技术的焊料是锡膏，即预先在电路板的焊盘上涂敷适量和适当形式的锡膏，再把 SMC/SMD 元器件贴放到相应的位置，然后让贴装好元器件的电路板进入回流焊设备。传送系统带动电路板通过设备里各个设定的温度区域，锡膏经过干燥、预热、熔化、润湿、冷却、将元器件焊接到 PCB 板上的过程。在 SMT 生产中，如何掌握回流焊机的基本操作和温度曲线，以及回流焊常见质量缺陷和工艺改进方案？回流焊机的功能、种类和发展趋势是什么？

任务要求

1. 掌握锡膏的储存和使用。
2. 掌握印刷机、贴片机、回流焊机的基本操作和工艺流程。
3. 掌握印刷、贴片、回流焊过程中的常见质量缺陷和工艺改进方案。
4. 掌握回流焊温度曲线的设置。
5. 掌握印刷机、贴片机、回流焊机的维护保养方案。

知识链接

一、锡膏印刷技术与工艺

随着元器件封装技术的飞速发展，越来越多的 PGGA、CBGA、CCGGA、QFN、0201、01005 阻容器件等得到广泛运用，表面贴装技术也随之快速发展，锡膏印刷对整个生产过程的影响和作用越来越大。获得好的焊接质量，首先要重视的就是锡膏的印刷。生产中不但要掌握和运用锡膏印刷技术，并且要求能分析问题的原因，并将改进措施运用于生产实践中。

（一）锡膏印刷技术

锡膏印刷技术是采用一定的工艺将制好的模板（钢网）和 PCB 板直接接触，使锡膏在模板上均匀流动，并由模板图形注入网孔；当模板离开 PCB 板时，锡膏就模板上的图形的形状从网孔脱落到 PCB 板相应的焊盘图形上，从而完成了锡膏在 PCB 板上的印刷，如图 2-3-1 所示。完成这个印刷过程所采用的设备称为锡膏印刷机。

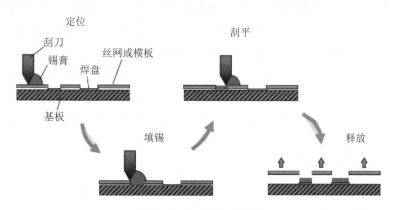

图 2-3-1 锡膏印刷工艺

1. 锡膏印刷的工作原理

锡膏是触变流体，具有黏性。当刮刀以一定速度和角度向前移动时，对锡膏产生一定的压力，推动锡膏在模板前运动，产生将锡膏注入网孔或漏孔所需的压力；锡膏的黏性摩擦力使印刷材料在刮刀与网板交接处产生切变力，切变力使印刷材料的黏度下降，有利于印刷材料顺利地注入网板或漏孔。刮刀速度、刮刀压力、刮刀与网板的角度，以及锡膏的黏度之间都存在一定的制约关系。因此，只有正确地控制这些参数才能保证锡膏印刷的质量。

2. 锡膏印刷的工艺流程

锡膏印刷的工艺流程为：锡膏准备→安装并校正模板→印刷锡膏→印刷质量检验→完工 / 清洗模板。现在按此流程分别介绍如下。

（1）锡膏准备。刚购进的锡膏应放入低温环境中（5℃左右）冷藏。使用时，待锡膏恢复到室温（约 4h）后再打开包装盖，用锡膏搅拌器搅拌锡膏（也可以用不锈钢棒或塑料棒搅拌），并按锡膏的外观判定标准来判别锡膏质量。应特别注意，锡膏的黏度、粒度是否与当前产品类型匹配。

（2）安装并校正模板。半自动印刷机不具备自动校正模板功能，一般在模板及 PCB 装夹后，在 PCB 上放置一块带宽架的聚酯膜，然后将锡膏印刷在聚酯膜上，通过聚酯膜调节印刷机的 X、Y、Z、θ 4 个参数使聚酯膜上的锡膏图形与 PCB 焊盘图形相重叠，然后移开聚酯膜并实际印刷 1 ~ 2 次，一般都能有效地校正模板位置，最后锁紧相关旋钮。

（3）印刷锡膏。把 PCB 板固定在定位孔上，操作锡膏印刷机，开始印刷锡膏，由印刷机的左右刮刀把锡膏或红胶通过钢网漏印于对应焊盘，之后取出 PCB 板。操作过程中，主要不要抹板。

（4）印刷质量检验。对于锡膏印刷完后的 PCB 板，通过目测法、2D 检测和自动光学检测（AOI）等方法，检测锡膏印刷质量，印刷合格板传入贴片工序，进行贴片，印刷不合格板洗板后重新印刷。在检测锡膏印刷质量时，应根据元器件类型采用不同的检测工具和方法。目测法适用于不含细间距 BGA、QFP 器件或小批量生产，其操作成本低，但效率及反馈回来的数据可靠性低，而且易遗漏。当印刷复杂 PCB 板时，应开启全自动印刷机的 2D 检测功能，对于有条件的也可用 AOI 在线检测。

（5）完工 / 清洗模板。印刷完工后，模板未使用完的锡膏重新装入原瓶子中，但需单独存放。用乙醇或洗板水和擦洗纸及时将模板清洗干净，并用压缩空气将模板网孔清洁干净。若网孔堵塞，切勿用坚硬金属针划捅，以免破坏网孔形状。最后将干净的模板统一放置。

3. 锡膏印刷质量检验标准

锡膏印刷质量检验标准见表 2-3-1。如有细间距（≤ 0.5mm）BGA、QFP 时，通常应全部检查，当无细间距 BGA、QFP 时，可以抽检。

表 2-3-1　锡膏印刷质量检验标准

CHIP 1608 2125 3216 锡膏印刷规范		
理想	允收	拒收
1. 锡膏印刷无偏移； 2. 锡膏完全覆盖焊盘； 3. 锡膏成形佳且无塌陷断裂； 4. 锡膏厚度满足测试要求	1. 印刷偏移量少于 15%； 2. 有 85% 以上锡膏覆盖焊盘； 3. 锡膏量均匀且成形佳； 4. 锡膏厚度符合规格要求	1. 印刷偏移量大于 15%； 2. 锡膏覆盖焊盘小于 85%； 3. 锡膏厚度不符合规格要求
小型 SOT 锡膏印刷规范		
理想	允收	拒收
1. 锡膏印刷无偏移； 2. 锡膏完全覆盖焊盘； 3. 锡膏成形佳且无塌陷断裂； 4. 锡膏厚度满足测试要求	1. 印刷偏移量少于 15%； 2. 有 85% 以上锡膏覆盖焊盘； 3. 锡膏量均匀且成形佳； 4. 锡膏厚度符合规格要求	1. 印刷偏移量大于 15%； 2. 锡膏覆盖焊盘小于 85%； 3. 锡膏厚度不符合规格要求

续表

脚间距 0.65mm IC 锡膏印刷规范		
理想	允收	拒收
1. 锡膏印刷无偏移； 2. 锡膏完全覆盖焊盘； 3. 锡膏成形佳且无塌陷断裂； 4. 锡膏厚度满足测试要求	1. 印刷偏移量少于 10%； 2. 有 90% 以上锡膏覆盖焊盘； 3. 锡膏量均匀且成形佳； 4. 锡膏厚度符合规格要求	1. 印刷偏移量大于 10%； 2. 锡膏覆盖焊盘小于 90%； 3. 锡膏厚度不符合规格要求

脚间距≤ 0.5mm IC 锡膏印刷规范		
理想	允收	拒收
1. 锡膏印刷无偏移； 2. 锡膏完全覆盖焊盘； 3. 锡膏成形佳且无塌陷断裂； 4. 锡膏厚度满足测试要求	1. 锡膏印刷无偏移； 2. 锡膏成形虽略微不佳； 3. 锡膏厚度满足测试要求； 4. 回流炉后无焊接不良	1. 锡膏成形不良，有明显断裂； 2. 锡膏塌陷形成连锡； 3. 引脚间毛边形成连锡

不合格印刷板的处理：当连续发现 3pc 有印刷质量时，应停机检查，分析产生的原因，采取措施加以改进，凡印刷不合格单板，用酒精清洗干净后重新印刷。

（二）锡膏的储存与使用

焊锡膏也叫锡膏，如图 2-3-2 所示。

图 2-3-2　锡膏实物图

1. 锡膏的储存

锡膏的储存条件、储存时间、储存环境都有严格要求，具体见表 2-3-2。

表 2-3-2　锡膏储存数据样表

储存条件	储存时间	储存环境
装运	4 天	< 10℃
货架寿命（冷藏）	3 ～ 6 个月（标贴上标明）	0 ～ 5℃冰箱
货架寿命（室温）	5 天	湿度：30% ～ 60% RH 温度：15 ～ 25℃
锡膏稳定时间（从冰箱取出后）	8h	湿度：30% ～ 60% RH 温度：15 ～ 25℃
锡膏模板寿命	4h	湿度：30% ～ 60% RH 温度：15 ～ 25℃

2. 锡膏的使用原则

（1）锡膏使用时，应遵循先进先出的原则。同时应提前至少两小时从冰箱中取出，写下时间、编号、使用者、应用的产品，并密封置于室温下，待锡膏达到室温时打开瓶盖。如果在低温下打开，容易吸收水汽，回流焊时容易产行锡珠。注意，不能把锡膏置于热风器、空调等旁边加速它的升温。

（2）锡膏开封前，须使用搅拌刀进行搅拌，使锡膏中的各成分混合均匀，增加锡膏的流动性。

（3）根据 PCB 板的幅面及焊点的多少，决定第一次加到网板上的锡膏量，一般第一次加 200 ～ 300g，印刷一段时间后再适当加入一点。

3. 锡膏使用的注意事项

（1）领取锡膏应登记到达时间、失效期、型号，并为每罐锡膏编号。然后保存在恒温、恒湿的冰箱内，温度为 2 ～ 10℃。

（2）锡膏印刷时间的最佳温度为 23℃ ±3℃，温度以相对湿度（55±5）% 为宜。湿度过高，锡膏容易吸收水汽，在回流焊时产生锡珠。

（3）锡膏置于网板上超过 30min 未使用时，应重新搅拌后再使用。若中间间隔时间较长，应将锡膏重新放回罐中并盖紧瓶盖放于冰箱中冷藏。

（4）锡膏开封后，原则上应在当天内一次用完，超过时间使用期的锡膏绝对不能使用。

（三）锡膏印刷设备

印刷机的功能是先将要印刷的电路板固定在印刷定位台上，然后由印刷机的左右刮刀把锡膏或红胶通过钢网漏印于对应焊盘，对漏印均匀的 PCB，通过传输台传输至贴片机进行自动贴片。

1. 印刷机的分类

锡膏印刷机品种繁多，按自动化程度分类，可以分为手工印刷、半自动印刷和全自动印刷 3 类。按生产厂商分类，可以分为国产和进口，手动、半自动印刷机主要以国产的为主，例如拓能 LT 系列，路远等，全自动印刷机主要以进口的为主，例如美国的 MPM 印刷机、英国的 DEK 印刷机、韩国的三星印刷机等。

2. 锡膏印刷机的组成部分

无论是哪一种印刷机，都由以下几部分组成：

（1）夹持 PCB 基板的工作台，包括工作台面、真空夹持或板边夹持机构、工作台传输控制机构。

（2）印刷头系统，包括刮刀、刮刀固定机构、印刷头的传输控制系统等。

（3）丝网或模板及其固定机构。

（4）为保证印刷精度而配置的其他选件，包括视觉对中系统，干、湿和真空洗擦板系统以及二维、三维测量系统等。

3. 典型锡膏印刷机介绍

（1）手动锡膏印刷机。手动锡膏印刷机是最便宜、最简单的印刷机，各种参数与动作均需人工调节与控制，适用于小批量生产或难度不高的产品，实物如图 2-3-3 所示。

图 2-3-3　手动锡膏印刷机实物图

（2）半自动锡膏印刷机。半自动锡膏印刷除了印制电路板装夹过程需要人工参与以外，其余动作机器可连续完成。印制电路板是通过印刷机夹持基板工作台上的定位销来实现定位对准的，因此印制电路板上应设有高精度的工艺孔，以供定位和夹用。半自动锡膏印刷机的优点是结构简单、操作方便、印刷速度快，缺点是印刷工艺参数可控点较少、印刷精度不高、锡膏脱膜差，一般适用于引脚间距大于 1.27mm 的 PCB 印刷工艺，实物如图 2-3-4 所示。

（3）全自动锡膏印刷机。全自动锡膏印刷机通常装有光学对准系统，通过对印制电路板和模板上对准标志（Mark 点）进行识别，实现模板窗口与印制电路板焊盘的自动对准，印刷机重复精度达 0.01mm 以上。

配有 PCB 自动装载系统的印刷机能实现全自动运行。但印刷机的多种工艺参数，如刮刀速度、刮刀压力、漏板与印制电路板之间的间隙，需人工设定。全自动锡膏印刷机实物如图 2-3-5 所示。

图 2-3-4　半自动锡膏印刷机实物图

图 2-3-5　全自动锡膏印刷机实物图

（四）半自动印刷机操作案例分析

随着表面贴装技术的快速发展，在印刷电路板生产过程中，锡膏印刷对整个生产过程的影响和作用越来越大。锡膏印刷是 SMT 生产过程中最关键的工序之一，印刷质量的好坏将直接影响 SMD 组装的质量和效率。据统计，60% ～ 70% 的焊接缺陷都是由不良的锡膏印刷造成的。因此，要提高锡膏印刷质量，应尽可能将印刷缺陷降到最低。要实现高质量的重复印刷，锡膏的特性、网板的制作、印刷工艺参数的设置都十分关键。下面以 LUYUAN 半自动锡膏印刷机为例，介绍半自动锡膏印刷机的基本操作、维护和保养，以及锡膏印刷的生产工艺流程。

1. LUYUAN 半自动印刷机简介

LUYUAN 半自动印刷机能通过操作触摸板完成 PCB 板的锡膏印刷，整机设备的电气部分由 PLC、变频器、人机界面等组成。LUYUAN 半自动锡膏印刷机的最大印刷尺寸为 460mm×280mm，印刷速度为 20s/pc，印刷精度为 ±0.1mm，其实物如图 2-3-6 所示。

其特点如下：

（1）中心控制单元采用 PLC+ 变频器 + 触摸屏控制，实现人机交互，性能稳定可靠。

（2）随机附有定位针、顶针及条形平台等，可根据印刷工件平面的形状及外形大小进行调节和使用。

（3）印刷台可实现 X、Y、Z 方向调整，便于调整钢网及 PCB 定位。

（4）机器采用精密滑轨、限位开关确保设备精度高，双按钮启动，防止误操作，确保安全生产。

（5）双刮刀设计，效率更高、角度可调、操作方便。

（6）印刷座可向上掀起 45°，便于装卸与调节印刷刮刀和清洗印刷钢网。

图 2-3-6　LUYUAN 半自动锡膏印刷机实物图

2. 半自动印刷机基本操作

（1）实训前准备。

1）检查气压是否在 0.45 ～ 0.55MPa 之间。

2）检查顶针是否摆放合适。

3）检查钢网孔和 PCB 板焊盘是否对准，无偏差，印刷台是否固定好。

4）检查左右限位开关，量程是否合适。

5）检查印刷刀座是否固定好，刮刀是否停在最左边或最右边。

6）检查急停按钮是否被按下，如被按下，则旋转释放即可。

7）添加锡膏应添加在最左边或最右边，不应添加在中间或堵孔。

（2）开机步骤。

1）打开电源总开关。

2）合上电气箱内的空气开关。

3）把 POWER 开关置于 ON 处。

4）点击触摸屏上的"进入"按钮。

5）选择工作模式，进入主界面，开机完成。

（3）关机步骤。

1）把锡膏回收到锡膏瓶内，并放入冰箱冷藏储存。

2）用酒精清洁钢网和刮刀，并用气枪吹干净钢网孔，以免堵孔。

3）关闭电源开关。

（4）操作注意事项。

1）在洗板、添加锡膏和清洗钢网时必须带上橡胶手套和口罩。

2）作业中注意钢网不要堵孔。

3）锡膏添加遵从少量多次添加的原则。

4）超过一个小时不印刷，请将锡膏回收，并清洗钢网。

5）在印刷中出现印刷异常请立即通知指导老师处理。

3. 半自动锡膏印刷机操作流程

半自动锡膏印刷机操作流程大体可以分为5步：锡膏准备、顶针设置和钢网安装、参数设置、锡膏印刷、检查印刷质量，其具体操作如图 2-3-7 所示。

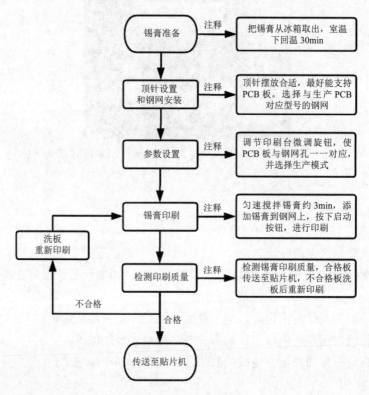

图 2-3-7　半自动锡膏印刷机生产工艺流程图

（五）半自动锡膏印刷机常见故障的维修方法

任何经常运行的机器都会发生故障，锡膏印刷机同样不例外，因此专业人员要对常见的故障进行维修，掌握常见故障维修的方法。锡膏印刷机常见的故障有印刷工作台无法上升/降、工作台下降后刮刀无法向左/右印刷、触摸屏失灵或部分功能不正常等。我们在维修之前应了解相关的维修方法，以防因维修方法不正确而影响机器的正常工作。半自动锡膏印刷机的常见故障及维修方法见表 2-3-3。

表 2-3-3　半自动锡膏印刷机机常见故障及维修方法

故障种类	故障现象	故障分析及维修方法	维修图例
电源故障	打开 POWER 键，锡膏印刷机无法开机	1. 用万用表检查电源是否已输入	
		2. 检查保险丝是否已烧毁	
		3. 检查电源电路是否接触不良	
		4. 检查主控板是否损坏	
工作台故障	印刷工作台无法上升/降	1. 气压源未输入或气压不足（正常气压应保持在 0.4～0.6MPa）	
		2. 上/下限位传感器未感应或已损坏、断线	
		3. 上升/下降电磁阀故障	

续表

故障种类	故障现象	故障分析及维修方法	维修图例
工作台故障	印刷工作台无法上升/降	4. 上下气缸调速阀不良或调整不当	
启动故障	按下印刷按钮,锡膏印刷机无法印刷	1. 上/下、左/右限位传感器未感应或已损坏、断线	
		2. 主控板线路松动或 PLC 故障	
刮刀故障	1. 工作台下降后刮刀无法向左/右印刷	1. 气压源未输入或气压不足(正常气压应保持在 0.4 ~ 0.6MPa)	
		2. 刮刀左/右气缸驱动电动机故障	
		3. PLC 故障	

续表

故障种类	故障现象	故障分析及维修方法	维修图例
刮刀故障	2. 刮刀向左 / 右印刷到左 / 右限位开关位置时，无法停止且工作台无法上升	1. 左右驱动电机电源开关未开或断线	
		2. 左 / 右限位传感器未感应或已损坏、断线	
		3. 左 / 右行印刷速度调节器调整个良	
		4. 变频器故障	
		5. PLC 故障	
触摸屏故障	触摸屏失灵或部分功能不正常	1. 此触摸屏为电阻屏，操作时压力不足或者戴手套； 2. 触摸屏与 PLC 通信故障； 3. 触摸屏已损坏	
印刷故障	锡膏印刷完后，整体偏移	1. 印刷电路板未固定或摆放平整 2. 定位台偏移，需重新校准	

故障种类	故障现象	故障分析及维修方法	维修图例
印刷故障	锡膏印刷完后，整体偏移	3. 顶针放置不合适造成	
		4. 印刷微调旋钮未固定或者损坏	

（六）锡膏印刷机维护保养方案

锡膏印刷机的保养过程要按照严格的规程去进行，其中不同部位根据保养的时间不同又分为日保养、月保养及季度保养。日保养主要是对锡膏印刷机的外部结构进行清洁和检查，防止锡膏印刷机在日常运行的过程中发生故障；月保养主要是对锡膏印刷机的内部的清洁及检查，防止机器损坏；季度保养主要是对锡膏印刷机的电气部分及控制系统进行检查、维修及更换，防止机器彻底停止运转。所以锡膏印刷机的日常保养是必要的，是不可或缺的；同时锡膏印刷机的日保养及月保养是与季度保养同样重要的，是不可马虎的。半自动锡膏印刷机的维护保养方案见表 2-3-4。

表 2-3-4　半自动锡膏印刷机的维护保养方案

保养项目	保养内容			保养周期		
	保养部件	保养内容	图示	日保养	月保养	季保养
机器6S保养	机器外壳	用干净抹布蘸酒精擦拭清洁锡膏印刷机外壳灰尘等脏物		√	√	√
	限位传感器	目视检查表面无污渍和灰尘，用抹布蘸酒精擦拭干净		√	√	√

续表

保养项目	保养内容			保养周期		
	保养部件	保养内容	图示	日保养	月保养	季保养
机器6S保养	刮刀	目视检查刮刀表面有无污渍和灰尘，并用抹布蘸酒精擦拭干净		✓✓	✓✓	✓✓
压力值	气压表压力值	检查气压表压力值是否达到0.4～0.6MPa		✓✓	✓✓	✓✓
钢网和定位台保养	钢网及其固定螺丝	检查钢网是否堵孔以及螺丝是否松动		✓	✓	✓
	定位台	目视检查定位台表面无污渍和灰尘，用抹布蘸酒精擦拭干净		✓	✓✓	✓✓
运动部件	印刷机上下调节丝杆	旋转旋钮，校准印刷高度	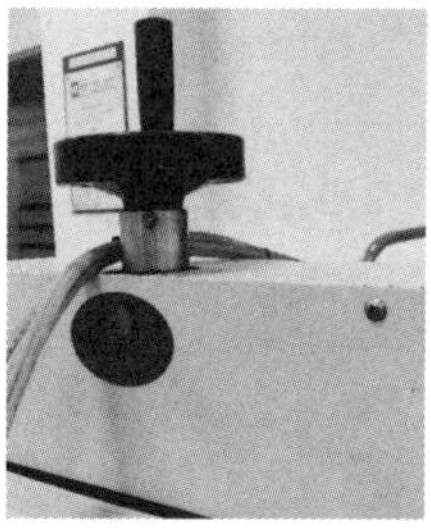	✓	✓✓	✓✓
	气缸及其阀门	检查气缸及其阀门工作是否正常，定期跟换润滑油			✓	✓

续表

保养内容				保养周期		
保养项目	保养部件	保养内容	图示	日保养	月保养	季保养
运动部件	刮刀头卡扣	检查是否有松动、缺损，固定是否牢固			✓	✓
印刷速度校准	印刷速度调节旋钮	检查印刷速度调节旋钮是否正常，定期校准印刷速度			✓✓	✓✓
电气模块	变频器	检查变频器是否正常工作，检查接线端有无松动，并擦拭干净				✓
	电源	检查电源是否正常输入，检查接线端有无松动，并进行清洁		✓	✓	✓✓
	空气开关及继电器	检查空气开关及继电器是否能正常运行，检查线路有无松动，并进行清洁			✓	✓✓
	电动机	检查电动机能否正常运行，检查线路有无松动，并进行清洁				✓

续表

保养内容				保养周期		
保养项目	保养部件	保养内容	图示	日保养	月保养	季保养
电气模块	PLC	检查 PLC 能否正常运行，检查线路有无松动，并进行清洁	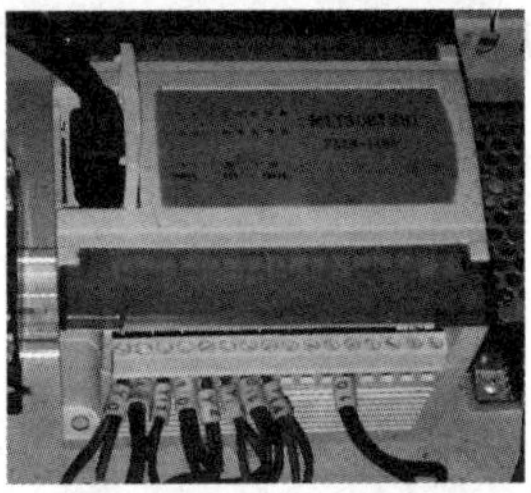			√
机械运动模块	电机传动带	检查皮带有无裂痕、磨损，如有磨损定期更换				√
	气缸及其阀门	检查气缸及其阀门能否正常工作，清除原润滑油和污渍，并重新上润滑油				√
	水平移动导轨	清除原润滑油和污渍，并重新上润滑油				√
	定位台及微调旋钮	检查定位台精度是否满足要求，并调节微调旋钮进行校准	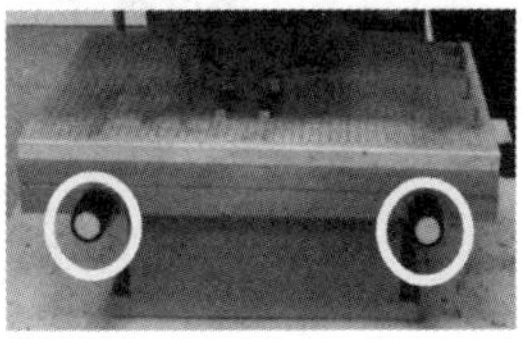			√

二、贴片技术与设备

（一）贴片技术简介

表面贴装技术以其组装密度高及良好的自动化生产性而得到高速发展，并在电子产品生产中被广泛应用。SMT 生产由锡膏印刷、贴装元器件及回流焊三道工序组成，其中

SMC/SMD 的贴装是整个表面贴装工艺的重要组成部分。它所涉及的问题比其他工序更复杂，难度更大。同时表面贴装电子元器件的设备（又称贴片机）在整个设备中投资也最大，是电子产业的关键设备之一。

在 PCB 板上印好锡膏或贴片胶以后，用贴片机（贴装机）或手工贴片的方式，将 SMC/SMD 准确地贴放到 PCB 表面相应位置上的过程，叫作贴片（贴装）工序。目前在国内的电子产品制造企业里，主要采用高速贴片机和多功能贴片机进行自动贴片。在维修或小批量简单的试制生产中，也可以采用手工方式贴片。

（二）贴片机的分类

贴片机的生产厂商、种类很多。按贴装速度分类，有中速贴片机、高速贴片机、超高速贴片机；按功能分类，有高速 / 超高速贴片机、多功能贴片机；按贴装方式分类，有顺序贴片机、同时贴片机、在线贴片机等。其中，中速贴片机贴装速度为 3 千～ 9 千点 / 小时，高速贴片机贴装速度大于 2 万点 / 小时，超高速贴片机贴装速度大于 4 万点 / 小时，多功能贴片机则用于贴装体形较大、引线间距较小和贴装精度高等异形元器件的贴装。

（三）贴片机组成结构

贴片机由机架、贴装头、元器件供料器、PCB 承载机构、伺服定位系统等组成，如图 2-3-8 所示。整机的运动主要由伺服电机驱动，通过滚珠丝杆（或同步齿形带）传递动力，由直线导轨辅助实现定向运动。其传动形式具有自身运动阻力小、结构紧凑、运动精度高等特点。

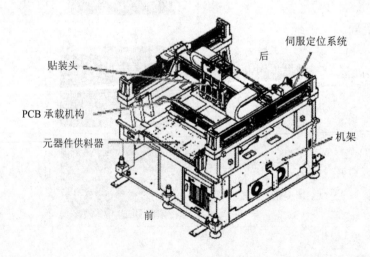

图 2-3-8　贴片机结构示意图

贴片机在重要部件，如贴装主轴、吸嘴座、送料器上有基准标志。机器视觉系统能自动得出这些基准标志、中心系统坐标，建立贴片机系统坐标系和 PCB、贴装元器件坐标系之间的转换关系，计算出贴片机运动的精确坐标；贴片机根据导入的贴装元器件的封装类型、元器件编号等参数到相应的位置抓取吸嘴，吸取元器件；光学对中系统依照视觉处理程序对吸取的元器件进行检测、识别与对中；对中工序完成后，贴装头将元器件贴装到 PCB 上预定的位置。这一系列元器件识别、对中、检测和贴装的动作都是工控计算机根据相应指令获取相关的数据后，由指令控制系统自动完成的。

（四）手工贴装 SMT 元器件

手工贴装 SMT 元器件俗称手工贴片。除了因为条件限制需要手工贴片焊接以外，在具备自动生产设备的企业里，若元器件是散装的或有引脚变形的情况，也可以进行手工贴片，作为机器贴装的补充手段。

1. 手工贴片前的准备工作

（1）手工贴片之前需要先在电路板的焊接部位涂抹助焊剂和锡膏。可以用刷子把助焊剂直接涂到焊盘上，也可以采用简易工装手工印刷锡膏或手动滴涂锡膏，在自动化设备的企业里，印刷机印刷时就直接印刷好锡膏。

（2）采用手工贴片工具贴放 SMT 元器件。手工贴片的工具有不锈钢镊子、吸笔、3 ～ 5 倍台式放大镜或 5 ～ 20 倍立体显微镜、台灯、防静电工作台、防静电腕带。

2. 手工贴片的操作方法

● 贴装 SMC 片状元器件：用镊子夹持元器件，把元器件焊端对齐两端焊盘，居中贴放在锡膏上，用镊子轻轻按压，使焊端浸入锡膏。

● 贴装 SOP：用镊子夹持 SOT 元器件体，对准方向，对齐焊盘，居中贴放在锡膏上，确认后用镊子轻轻按压元器件体，使浸入锡膏中的引脚不小于引脚厚度的 1/2。

● 贴装 SOP、QFP：元器件 1 脚或前端标志对准 PCB 板上的定位标志，用镊子夹持或吸笔吸取元器件，对齐两端或四边焊盘，居中贴放在锡膏上，用镊子轻轻按压元器件封装的顶面，使浸入锡膏中的引脚不小于引脚厚度的 1/2。贴装引脚间距在 0.65mm 以下的窄间距元器件可在 5 ～ 20 倍的放大镜或显微镜下操作。

● 贴装 SOJ、PLCC：与贴装 SOP、QFP 的方法相同，只是由于 SOJ、PLCC 的引脚在器件四周的底部，需要把 PCB 板倾斜 45° 角来检查芯片是否对中，引脚是否与焊盘对齐。

贴装完元器件以后，用手工、半自动或过回流焊方式进行焊接。

3. 手工贴片注意事项

在手工贴片前必须保证焊盘清洁。新电路板上的焊盘都比较干净，但返修的电路板在拆掉旧元器件以后，焊盘上就会有残留的焊料。贴换元器件到返修位置上之前，必须先用手工或半自动的方法清除残留在焊盘上的焊料，如使用电烙铁、吸锡器把焊料吸走。清理返修的电路板时要特别小心，在组装密度越来越大的情况下，操作比较困难并且容易损坏其他元器件及电路板。

（五）典型贴片机介绍

贴片机实际上是一种精密的工业机器人，是机、电、光及计算机控制技术的综合体。

它通过吸取、位移、定位、放置等功能，在不损伤元器件和印制电路板的情况下实现将 SMC/SMD 元器件快速而准确贴装到 PCB 所指定的焊盘位置上。

目前，世界上生产贴片机的企业有几十家，贴片机的品种达数百种之多，如日本的 FUJI（富士）、Panasonic（松下）、YAMAHA（雅马哈）、JUKI（日本重工），韩国的 SAMSUNG（三星）、MIARE（未来），德国的 SIEMENS（西门子）、AYTOTRONIK（新创能），美国的 UNIVERSAL（环球），荷兰的 ASSEMBLEON（安必昂），瑞士的 MYDATA（迈德特）等。下面介绍 Panasonic（松下）公司的高速贴片机和超高速贴片机。

松下 82C 高速贴片机如图 2-3-9 所示。

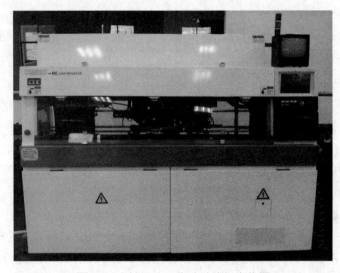

图 2-3-9　松下 82C 高速贴片机实物图

设备参数见表 2-3-5。

表 2-3-5　松下 82C 高速贴片机参数

名称	规格、参数
外形尺寸	长 × 宽 × 高：5300mm×1800mm×1700mm
机器重量	4500kg
适配电源	3 相 4 线 AC 380V 50/60Hz
额定功率	2.2kW
待机功率	0.1kW
额定气压	0.49MPa
PCB 基板尺寸	长 × 宽：330mm×220mm
贴片头结构	转塔式
运行速度	18000chip/h
贴片速度	0.2s/chip

续表

名称	规格、参数	
贴片精度	±40μm/ 芯片（Cpk ≥ 1）	
元器件尺寸	0402 芯片	
贴片头	16 个	
吸嘴	6 个 / 头	
站位	Max.140 站	
供料器带宽（编带式）	8mm/12mm/16mm	
对象元器件	方形芯片（0402 以上） IC 芯片、圆柱形芯片	
元器件贴片方向	−180° ～ 180°	

松下 CM402 超高速贴片机如图 2-3-10 所示。

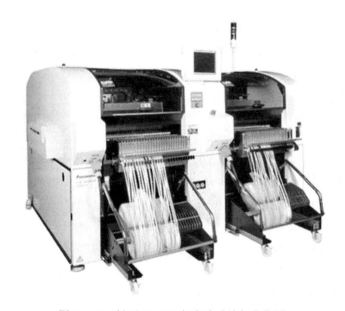

图 2-3-10　松下 CM402 超高速贴片机实物图

1. 设备参数

设备参数见表 2-3-6。

表 2-3-6　松下 CM402 超高速贴片机参数

设备名称	CM402	
贴装头类型	高速	泛用
吸嘴数量	8 个吸嘴 / 头 ×4	3 个吸嘴 / 头 ×4
贴装速度	0.06s/chip	0.21s/chip

续表

贴装精度	±0.05mm	±0.035mm
放置料架数	最大可放置 216 站（8mm double）料架	
对应元器件尺寸	0603C/R-24mm（*L*）×24mm（*W*）	0603C/R-100mm（*L*）×90mm（*W*）
基板尺寸	50mm（*L*）×50mm（*W*）～ 510mm（*L*）×360mm（*W*）	

2. 特点

（1）支持大范围的 chip 元器件贴装，高速机模式的贴装范围为从 0201chip 到 24mm×24mm 的元器件，多功能机模式的贴装范围为 0201chip 到 90mm×100mm 的元器件。

（2）产能高达 60000cph。

（3）可放置多达 216 种料（用 8mm 双料架）。

（4）标准配置小推车式换料，料带接驳，连续补料。

（5）电路板传送时间只需要 0.9s，灵活的电路板传送降低了传送时间损耗。

（6）根据生产对象的变化，用户可以在现场自由切换 A、B、C 3 种生产模式：Type A 高速 Head+ 高速 Head、Type B 多功能 Head+ 多功能 Head（可加挂托盘送料器）、Type C 高速 Head+ 多功能 Head（可加挂托盘送料器）。

松下 CM402 超高速贴片机优势如下：

● 高生产能力和效率。

> 实现产能为 60000cph 的高速（系统升级后能够达到 66000cph）。

> 基板运送时间最快达到 0.9s。基板运送灵活，减少运送损失时间。

> CP/CPK 自检功能，客户能够在设备的使用过程中自己检测设备精度。

● 灵活的配线方式。基于一个平台的设计，CM402A/B/C 三种型号只需更换头部和添加挂盘式送料（TRAY）就能够完成高速机 / 泛用机 / 综合机的更改，采用大量成熟的可靠性设计，大幅减少故障停机时间来实现高效率生产。

● 高贴装精度。贴装精度大于 50μm（Cpk ≥ 1.0），并与高精度校准功能多种方式灵活组合，满足各种不同需求的生产。

三、回流焊接技术与工艺

（一）回流焊接简介

回流焊又称再流焊，主要是对贴片完后的电路板进行回流焊接，其过程是先将贴装好的电路板放入回流焊炉进行焊接，回流焊炉中有专门的传送带运送电路板通过设备里各个设定的温度区域，锡膏经过干燥、预热、熔化、润湿、冷却，将元器件焊接到 PCB 板上。

回流焊在工艺上有"再流动"及"自定位效应"的特点，而且回流焊的操作方法简单、效率高、质量好、节省焊料，是一种适合自动化生产的电子产品焊接技术。回流焊工艺目前已经成为 SMT 生产中的主流焊接工艺。

（二）回流焊机的组成结构

回流焊机就好像是一个大型的"烤炉"，把贴装好元器件的电路板放在回流焊机的传送带上，传送系统带动电路板通过回流焊机里各个设定的温区，锡膏经过干燥、预热、熔化、润湿、冷却，将贴片元器件焊接到电路板上。其主要组成结构包括加热系统、传动系统、空气流动系统、冷却系统、废气处理与回收装置、顶盖升起系统等，其实物如图 2-3-11 所示。

图 2-3-11　回流焊机实物图

（1）加热系统：回流焊炉加热系统主要由热风电动机、加热管或加热板、热电偶、固态继电器、温度控制装置等部分组成。回流焊机炉膛被划分为 8 个上温区和 8 个下温区，每个温区内装有加热管，采用上下加热方式，PID 独立循环控制，使炉腔温度能准确、实时控制，且热容量大、升温迅速，热风电动机带动风轮转动，形成的热风通过特殊结构的风道，经整流板吹出，使热量均匀分布在温区内。

（2）传动系统：传动系统是将电路板按照一定速度从回流焊机入口送到出口的传送装置，由中央支撑杆、链条、传送带、运输电动机、变频器运输速度控制机构等部分组成。传动系统能改变传送方式、传送速度等。晋力达 G-F8800-LF 回流焊机的传送方式主要为链传动＋网传送。

（3）空气流动系统：热风回流焊是热空气按照设计的流动方向不断循环流动，与被加热的印制电路板产生热交换的过程。回流焊接的空气或氮气从风机的入口进入炉体，被加热器加热后由顶部强制热风发送器将热空气的热量传递到 PCB 上，降温后的热气流经过通道从出口排出。

（4）冷却系统：主要功能是快速冷却回流焊接后的电路板。回流焊机的冷却效率与设备的配置有关，通常有风冷、水冷两种方式，冷却速度与时间有严格要求，必须根据回流焊温度曲线并结合冷却装置选择合适的冷却斜率，水冷式的冷却效果优于风冷式的冷却效果。晋力达 G-F8800-LF 回流焊机采用的是风冷式冷却系统。

（5）废气处理与回收装置：焊料的主要成分是锡、铅和助焊剂，锡、铅在受热融合时，其助焊剂会挥发，产生刺鼻的气体，人体大量吸入会头晕、恶心、胸闷等，如果直接排放在空气中，会使工作环境变差，污染环境。废气处理与回收装置可及时排放助焊剂产生的废气，过滤有毒有害的气体，降低对工作环境的影响，减少废气排放，降低对周边环境的空气污染。

（6）顶盖升起系统：其作用是在生产过程中，若发生掉板、卡板，需打开炉盖，以便取出电路板，同时在维护保养时，维修加热系统和清洁炉膛。在升回流焊机盖时，把升降开关拨至开盖处，动作时在计算机屏幕上单击"开盖"，由电动机带动升降杆完成开盖动作，同时蜂鸣器响，提醒操作人员注意，当碰到上、下限位开关时，停止开启或关闭动作。

（三）回流焊接工艺及温度曲线

1. 回流焊的工艺流程

回流焊接的一般过程：首先在电路板上的焊盘刷上一层锡膏，然后将元器件贴装好，将贴装好的电路板送入回流焊机中，让电路板上的锡膏进行加热，使焊锡膏熔化进行升温、预热、回流和冷却来完成元器件的焊接。回流焊工艺流程大体分为预热、升温、回流、冷却4个阶段，其具体流程如图 2-3-12 所示。

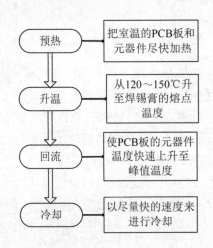

图 2-3-12　回流焊的工艺流程图

2. 回流焊机工艺要求

（1）合理的设置回流焊温度曲线并定期做温度曲线的实时测试。

（2）按照设计 PCB 时的焊接要求进行焊接，保证回流焊电路板型号与回流焊程序名能够一致。

（3）选用金属含量达到 90% 的优质锡膏。

（4）温度曲线中各温区设置，应根据回流焊温度曲线图进行设置。

（5）焊点表面应光滑，焊点形状应为圆锥形，无锡桥锡珠等缺陷。

（6）定期检查电路板焊接质量，以防出现批量问题。

3. 回流焊各温区的简介

回流焊温度曲线，是指电路板上某一点通过回流焊炉时，此点的温度随时间变化而变化的温度曲线。通过温度曲线可以很直观地分析元器件在整个焊接过程中出现的各种问题，监控元器件的在各个温区里的温度变化，以此保证焊接质量。回流炉的参数设置是否合理关系着焊接质量的好坏。

回流焊温度曲线大体可以分为 4 个温区，依次是预热区、升温区、回流区、冷却区，回流焊温度曲线示意图如图 2-3-13 所示。

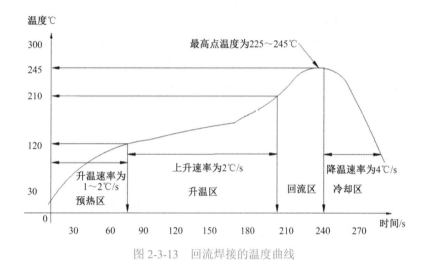

图 2-3-13　回流焊接的温度曲线

（1）预热区：从室温升高至 120℃左右，预热时间 60 ~ 80s，目的是对电路板上所有元器件进行预热，以达到第二温区的温度。但是，在预热过程中升温速率应控制在适当的范围内，若升温速率太快，则电路板容易发生热冲击而损坏元器件；若升温速率太慢，锡膏中的水分不能尽快挥发，因此升温区温度上升速率一般设置为 1 ~ 2℃/s。

（2）升温区：从 120℃升高至 210℃，升温时间 90 ~ 120s，目的是使电路板上大小不一的元器件的温度趋于相同，为下一步回流焊接做准备。要使大大小小的元器件温度趋于一致，首先，加热时间应足够长，使所有元器件受热均匀；其次，温度不能高于锡膏熔点温度，保证锡膏中的水分完全挥发。将升温区的温度控制在 120 ~ 210℃，上升速率低于 2℃/s，使电路板中每个点的温度趋于恒定，确保电路板上所有元器件在进入焊接回流区之前达到相同的温度。在这一区域若设置时间过长或者稍短，焊接完成后容易出现虚焊、锡珠、气泡等现象，影响回流焊接质量。

（3）回流区：从 210℃升高至 245℃，回流时间 30 ~ 40s，目的是使电路板焊盘上的锡膏受热融合与元器件进行润湿，完成回流焊接。在此区域需要考虑一个重要因素即助焊剂的作用，而助焊剂的助焊效率、黏度及表面张力都与温度有关。温度越高，助焊剂效率越高，然而，黏度及表面张力则随温度的升高而下降，使焊锡可以更快地湿润。

若回流焊接区温度设置过高，会产生一系列问题，比如电路板承受不住过高的温度被烧焦，元器件失去功能等。若回流焊接区温度设置过低，则使助焊剂达不到助焊的效果，容易产生生焊、虚焊、桥接等现象。因此温度的设置应从电路板、元器件和助焊剂3方面加以考虑，且回流焊接区尖端曲线的峰值一般设置为225～245℃，达到峰值温度持续时间为4s，超过焊锡膏熔点温度183℃的持续时间维持在20～25s。

（4）冷却区：从245℃迅速降至60℃，冷却时间30～40s，目的是使电路板与焊料迅速冷却，从而使焊点标准美观、达到较高的机械强度。由于焊锡膏已经熔化并充分润湿，此时应以尽可能快的速度进行冷却，这样将有助于形成光亮的焊点且焊点成形佳。若冷却速率慢，将吸收空气中过多的水分，从而使焊点灰暗、粗糙。因此，冷却区降温速率一般设置在4℃/s，冷却后温度低于60℃。

在实际生产中，由于各种元器件的组装密度、所承受的最高温度及热特性不一定完全一样。应根据元器件特性、焊锡膏的成分、回流焊机的型号等因素，合理设置回流焊温度曲线，并经过反复测量，对比试验数据和试生产来确定温度曲线。

（四）典型回流焊的案例分析

1. 晋力达 G-F8800 回流焊概述

G-F8800 回流焊是晋力达电子有限公司的产品，在国内市场占有一定的份额，其示意图如图2-3-14所示。它配置在贴片机之后，共设置上下各8个温区，由其提供一种加热环境，使焊锡膏受热熔化，从而使表面贴装元器件和 PCB 焊盘通过焊锡膏合金可靠地结合在一起的设备。此设备的最大焊接尺寸为 840mm×360mm，传输速度为 2000mm/min，控温精度为 ±1℃。

图 2-3-14　G-F8800 回流焊示意图

2. G-F8800 回流焊加热器的结构和原理

（1）加热器的结构。加热器的主要部分把高级镍烙电热线装在金属管中，管内填充高温镁粉材料，可使内部热量迅速传递到发热管外的储热金属板和区内空气中，如图2-3-15所示。

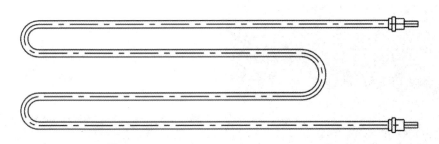

图 2-3-15　加热器结构示意图

（2）加热原理。从储热板通孔中吹出的高温热空气通过变流速层流性变速后到达元器件和 PCB 表面，通过热传递将高温气体中的热量交换至 PCB 焊料上，保证机器内的温度分布和不同加热工件温度的均一性。

（3）加热特点。从储热板中吹出的高温低速热风可将热量传递给 PCB 板、焊料及元器件，其加热特点如下：

1）能对异形元器件下阴影部分焊料直接加热。

2）能将热量直接传焊盘、焊料，能防止零件过热。

3）能使不同元器件的焊料达到温度平衡。

4）能使不同位置元器件的焊料达到温度平衡。

5）能对不同材质 PCB 进行焊接，如软体柔性板等。

3. 回流焊基本操作

（1）实训开机前准备。

1）检查输送带是否有异物卡住。

2）检查各传动轴承的润滑情况。

3）检查传动链条是否加高温润滑油。

4）检查外部排风管道是否畅通。

（2）开机步骤。回流焊的开机步骤大体分为两步，第一步先启动硬件设备，第二步启动应用软件，控制回流焊的操作。

第一步：启动硬件设备。

硬件开机顺序为：合上总电源开关→电控开关置于 ON 处→按下启动按钮开关→工控计算机开机→自动启动进入计算机桌面→硬件开机完成。

第二步：回流焊硬件开机完成后，启动应用软件，进入回流焊软件开机操作。

1）工控计算机开机后，找到桌面图标 ReflowWelder（图 2-3-16），双击该图标，稍等片刻，监控程序将运行。

2）双击 ReflowWelder 图标后，将出现登录界面（图 2-3-17）。该界面主要是要求客户输入密码才能进入监控程序。用户账户选择 administrator，初始密码为 666666。

3）在登录后，将出现主控制界面，如图 2-3-18 所示。该界面将实行操作回流焊的监控。

图 2-3-16　桌面图标 ReflowWelder

图 2-3-17　登录界面

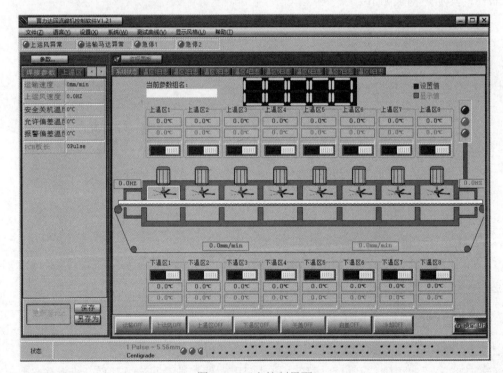

图 2-3-18　主控制界面

（3）主控制界面参数设置栏介绍。

1）焊接参数：包括运输速度、上运风速度、下运风速度、安全关机温度、允许偏差温度、报警偏差温度、PCB 板长度。

2）运输速度：单位为 mm/min，表示每分钟多少毫米。

3）运风速度：指风机运转频率，范围为 0 ～ 60Hz。

4）安全关机温度：表示自动关机时炉温降到该温度时才关闭机器。

5）允许偏差报警温度：炉体指示颜色及指示灯颜色根据该值确定颜色。

6）控温偏差报警温度：指实际值与设置值的差超过该值时将报警。

7）上温区及下温区栏：可直接输入设定值。

8）保存及下载：包括更新至 PLC、保存、另存为。当修改参数后，单击"更新至 PLC"，参数将下载到下位机，单击"保存"则将修改的参数保存，单击"另存为"就是将当前参数以另外的名称保存。

4. 回流焊各温区温度设定

（1）温度曲线的设立。作温度线的第一步是将 PCB 板分类，确定每块 PCB 板的吸热量及元器件的种类、密度与焊接难易度，同要求的 PCB 相同，从而决定顶部、底部以及回流加热策略中一个锡点、一个元器件的焊接问题。第二步，将热电偶放入回流炉内，并随传动带一起通过炉内，有利于作温度曲线。起始点见表 2-3-7。

表 2-3-7　温度曲线起始点和各温区划分表

上温区		
ZONE：1　上预热		ZONE：2　第一上干燥区
ZONE：3　第二上干燥区		ZONE：4　第三上干燥区
ZONE：5　第四上干燥区		ZONE：6　第五上干燥区
ZONE：7　第六上干燥区		ZONE：8　上回流焊接区
下温区		
ZONE：1　下预热区		ZONE：2　第一下干燥区
ZONE：3　第二下干燥区		ZONE：4　第三下干燥区
ZONE：5　第四下干燥区		ZONE：6　第五下干燥区
ZONE：7　第六下干燥区		ZONE：8　下回流焊接区

一般机器自然冷却完成曲线的降温功能。

注意：这些是一般的起始点（以八温控回流焊为基准，其他可以类推，诸如：V-AIR4 的四温区全热风机为四组控制，则 1、5 合为 1 预热区，2、6、3、7 合为 2、3 干燥区，4、8 合为 4 回流区），一旦某种 PCB 板温度曲线作完，类似 PCB 板可以已作好的 PCB 温度图作为起始点。

（2）温区设置原则。

1）设置温区温度和带速的起始值（一般由制造商调机时给出）。

2）对于冷炉，要预热 20～30min。

3）温度达到平衡时，使样品 PCB 通过加热回流系统，在这种设置下使锡膏达到回流临界点。如若回流不发生按第 4 步处理，若回流发生过激，保持正确比例降低温度设置，并让 PCB 板重新通过系统，直至回流临界点，转第 4 步当且仅当没有或刚有回流发生时为准。

4）假如回流不发生，减少带速5%～10%，例如：现在不回流时带速为500mm/min，调整时降低到460mm/min左右。一般降低带速10%，将会增加产品回流温度约3℃。或者，在不改变带速的前提下，适当提高设置温度，提高幅度以标准温度曲线为中心基准，按PCB通过系统时的实际温度与标准曲线的差距幅度调整，一般以5℃左右为每次调整的梯度，调整设置温度时应特别注意不能超过PCB板及元器件的承受能力。

5）PCB板通过在流系统于新的带速或设置温度下，或无再流发生，转区重做第4步的调整，否则执行第6步，微调温度曲线。

6）温度曲线可以随PCB的复杂程度而做适度的调整。可以用带速二级刻度（1%～5%带速）微调，降低带速将提高产品的温度；相反，提高带速将降低产品的温度。

提示：（1）般贴装有元器件的PCB板经过再流系统没有完全再流时，可以适当调整后二次放入再流系统进行焊接，一般不会对PCB及元器件造成不良的影响。

（2）温度设置一般从低到高，若受温幅度超过再流温度过大，则相应提高带速或降低设置温度来调整，具体与第4步操作相反，此处将不再赘述。

（五）回流焊接质量缺陷及工艺改进

在生产过程中，由于回流焊传输速度的快慢、各温区的温度变化、印刷机印刷质量、贴片机贴装的精准度等因素，回流焊接经常会出现一些缺陷，常见的回流焊缺陷有锡珠、锡桥、立碑、虚焊等现象。

1. 锡珠

锡珠类似于焊球，只是体积小很多，锡珠一般是在焊接前锡膏因为各种原因而超出焊盘外，而焊接后独立出现在焊盘与引脚外面，未能与锡膏融合，从而形成锡珠，锡珠经常出现在元器件两侧或细间距引脚之间，容易造成电路板短路。锡珠质量缺陷示意图如图2-3-19所示。

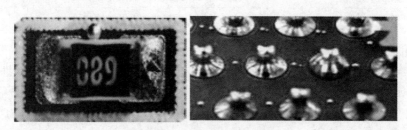

图2-3-19　锡珠质量缺陷示意图

（1）锡珠形成的原因。

1）回流焊机升温区温度设置不当，若预热时间短不充分，助焊剂活性较低，不能去除焊盘和焊料颗粒表面的氧化膜，容易产生锡珠；若预热温度升温过快，锡膏中水汽和溶剂汽化膨胀也容易产生锡珠。

2）钢网开口尺寸腐蚀精度达不到要求，容易造成钢网开口尺寸有毛刺，印刷后锡膏成形不佳，有毛刺或缺口；钢网太厚或者印刷压力过大，容易造成焊锡膏堆积太厚，从而影响锡膏印刷质量，当经过回流焊接时，这些毛刺或过多的锡膏就容易凝结成锡珠。

3）印刷电路板清洁不干净，残留有焊锡膏，经过回流焊高温后，由于残留的焊锡膏分布在焊盘周围，靠近焊盘和元器件焊端的锡膏被拉回焊接位置形成焊点，而远离焊盘和元器件焊端的锡膏逐渐向元器件中间收缩，在元器件的周围或者侧面产生锡珠。

（2）锡珠的工艺改进方法。

根据以上原因分析，制定如下工艺改进方法：

1）将预热区预热温度控制在 120～150℃，温度上升速度为 1～4℃/s，时间保持 90s 左右，然后合理优化回流焊接曲线，随着温度的不断升高，锡膏的润湿性明显改善，减少了锡珠的产生，但回流焊温度过高，容易损伤元器件、电路板和焊盘，因此选择合适的焊接温度，回流温度控制在 220～245℃之间。

2）重新优化焊盘图案的形状和中心距离，选择合适的钢网材料和钢网工艺，调整印刷机的印刷参数，合理设置印刷压力，从而改善锡膏印刷质量，能有效避免锡珠的形成。

3）二次印刷的电路板需用酒精清洗干净，并用气枪吹扫，去除电路板上残留的焊锡膏，同时严格遵照生产工艺要求进行生产，规范操作流程。

2．锡桥

锡桥是指两个或者多个焊点出现搭桥或连锡现象，使得电路出现短路，对电路板的功能造成严重影响，有时会因为短路而烧坏电路板或仪器。一般钢网的开孔尺寸偏大、印刷时连锡、焊料过多，焊锡膏在熔化时，多余的焊料不能拉回到焊盘位置，在相邻引脚之间形成锡桥，其锡桥示意图如图 2-3-20 所示。

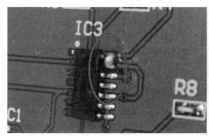

图 2-3-20　锡桥质量缺陷示意图

（1）锡桥形成的原因。

1）选取焊锡膏时，焊锡规格或者质量有问题，使锡膏流动性变差，锡膏印刷时，造成焊盘连锡，经过回流焊接后，形成锡桥。

2）钢网的开孔尺寸偏大、钢网模板尺寸偏厚和印刷压力过大，印刷时易造成锡膏过量或者锡膏成形坍塌，回流焊接后，由于过多的锡膏熔化，溢出焊盘之外，引脚间距较小或者焊点密集处，容易形成锡桥。

3）回流焊接时，升温区温度上升速度较快、时间较长，焊锡膏内部的助焊剂就会快速挥发出来，便会出现细间距引脚润湿不良，临界焊膏量减少，容易引起桥接现象。

（2）锡桥的工艺改进方法。根据以上原因分析，制定如下工艺改进方法：

1）根据不同的电路板和焊接要求，选取合适的焊锡膏，规范焊锡膏的使用和储存要求，锡膏的储存温度（冷藏）为 5 ~ 10℃，锡膏开封后，原则上应在 48 小时内使用完，锡膏置于钢网上超过 30min 未使用时，应重新用搅拌刀搅拌后再使用。

2）选择合适的钢网开孔尺寸和钢网模板尺寸厚度。其次，印刷压力过小，印刷不干净，印刷压力过大，又容易造成锡膏坍塌，因此需合理设置印刷机的印刷压力。

3）合理设置回流焊升温区温度，将升温区温度控制在 120 ~ 210℃，上升速率低于 2℃/s，升温时间为 90 ~ 120s，保证锡膏在焊接温度区域的流动性和润湿性，减少细间距器件中的锡桥的产生。

3. 立碑

此种缺陷经常发生在贴片元器件上，立碑一般是在元器件急速加热时发生的，如果元器件两端点温度不平衡，存在温差，或者放入加热时一端先受热，这样的话，焊盘一端的焊料完全熔融后获得良好的湿润，而另一端的焊料未完全熔融而引起湿润不良，这样就容易形成元器件的翘立，此种现象称为立碑。因此，在焊接时要注意放入的方法、时间和温度，让加热形成均衡的温度分布，避免立碑的产生，立碑示意图如图 2-3-21 所示。

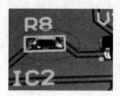

图 2-3-21 立碑质量缺陷示意图

（1）立碑形成的原因。

1）贴片机贴装精度不够，贴装时元器件产生了偏移且大于允许值的 15%，在回流焊接时由于锡膏熔化而造成表面的拉力不一样，拉力较大的一端拉着元器件沿其底部旋转，容易产生立碑现象。

2）回流焊机风速设置过大，回流焊机内的高温是通过热风形式产生的，当锡膏熔化后，由于风速过大，把质量轻、体积小的元器件吹动移位，形成了元器件的翘立，而产生立碑现象。

3）焊盘尺寸设计不合理，阻容元器件焊盘不对称，引起印刷的锡膏量不一致，焊盘较小的一端对温度响应快，其焊膏易熔化，在表面张力的作用下，将元器件拉直竖起，焊盘较大的一端则相反，因而产生立碑现象。

4）回流焊回流区温度设置不合理，当回流温度设置较低、回流时间短时，锡膏熔化不充分，元器件两端不能同时完全熔化，因此产生立碑现象。

（2）立碑的工艺改进方法。根据以上原因分析，制定如下立碑工艺改进方法：

1）调整贴片机的贴装精度，减少元器件的贴装偏移量，避免产生较大的贴装偏差，对于少数元器件贴装精度超过允许值的 15% 的元器件，需人工矫正后，再进行焊接，大面积元器件贴装精度超过允许值的 15% 时，需洗板后重新贴装。

2）减小回流焊机的风速和传送带的速度。

3）重新设计焊盘的尺寸，确保焊盘图形的形状与尺寸符合设计要求。

4）合理设置回流焊回流区温度，将升温区温度控制在 210 ～ 245℃，回流时间为 30 ～ 40s，目的是使电路板焊盘上的锡膏受热熔化与元器件进行完全润湿，使元器件每个焊盘的表面张力平衡，减少立碑现象的产生。

4. 虚焊

虚焊是一种常见的焊接故障，是在生产过程中，生产工艺不当引起的接触不良，使得电路时通时断，状态不稳定的缺陷。其特点是没有焊实，内部会松动，焊点处只有少量的锡焊住。其一般发生在焊盘与引脚之间，焊盘与引脚没有完全连接在一起，肉眼常常会不容易看出来，造成虚焊的具体原因有多种，其中污垢和金属表面的氧化物为主要因素，虚焊故障如图 2-3-22 所示。

图 2-3-22　虚焊质量缺陷示意图

（1）虚焊形成的原因。

1）焊盘和元器件可焊性不好，电路板存放时间过长，出现氧化现象。

2）焊锡膏质量差，铅锡含量低。

3）回流焊机回流区温度设置不合适造成虚焊。

4）回流焊的轨道传输速度过快，回流焊接时间不够。

（2）虚焊的工艺改进方法。根据以上原因分析，制定如下工艺改进方法：

1）改善电路板的存放环境，防止电路板的氧化。

2）选择合适的焊锡膏。

3）由于温度曲线加热的不均匀，需重新调整回流焊接温度曲线，调整后需要做实验，确保不出现虚焊才能投入批量生产。

4）调整回流焊接轨道传输速度，需在操作面板上找到运输速度，对其进行设置，最后更新至 PLC 即可。

随着表面组装密度的提高和表面贴装技术（SMT）的快速发展，电子产品也不断趋向小型化、集成化，表面贴装元器件的焊接质量和焊接工艺，越来越引起人们的重视。

以上列举了几种常见焊接质量缺陷的形成原因和改进方法，但是回流焊接工艺是一项系统的研究，每一种焊接质量缺陷，其产生的原因有很多，任何一个材料特性的改变或工艺参数设置不当，都有可能造成潜在的焊接质量缺陷。因此在实际生产中，需要具体问题具体分析，不断改进完善回流焊接工艺，从而提高回流焊接质量，保证产品的合格率，提高电子产品的可靠性和产品质量。

（六）回流焊机常见故障的维修方法

任何经常运行的机器都会发生故障，回流焊机同样不例外，因此专业人员要对常见的故障进行维修，掌握常见故障维修的方法。回流焊机常见的故障有回流焊机无电源、回流焊机无通信、回流焊机高温报警及回流焊机 blower 异响等种类。无电源故障的主要原因是主电源、次电源及后备电源等发生故障；无通信故障的主要原因是电源、软件及硬件等发生故障。因此我们在维修之前应了解相关的维修方法，以防因维修方法不正确而影响机器的正常工作，其中几种回流焊机的常见故障及维修方法见表 2-3-8。

表 2-3-8　回流焊机常见故障及维修方法

故障种类	故障现象	故障分析	维修步骤	图示
故障一	回流焊机无电源	主电源故障	1. 确定回流焊炉主电源开关是否在 ON 位置	
			2. 检查回流焊炉的输入电压是否正常，如若不正常，则说明设备的供电系统有问题	
		次电源故障	1. 确定回流焊炉入口底板上的电压是否正常	
			2. 确定变压器次极端红线之间的电压是否正常	
		后备电源故障	1. 确定安装在回流焊炉地板上的备用电源是否安装正确	
			2. 按原厂说明书检查不间断电源 UPS	

续表

故障种类	故障现象	故障分析	维修步骤	图示
故障二	回流焊机无通信	电源故障	1. 检查各通信电路是否断开	
			2. 检查主电源开关是否开启，检查熔断器是否烧坏	
		软件故障	1. 确定只有一个操作系统在运转，确定有无其他程序接 COM2 端口，确定系统接口设置是否正确	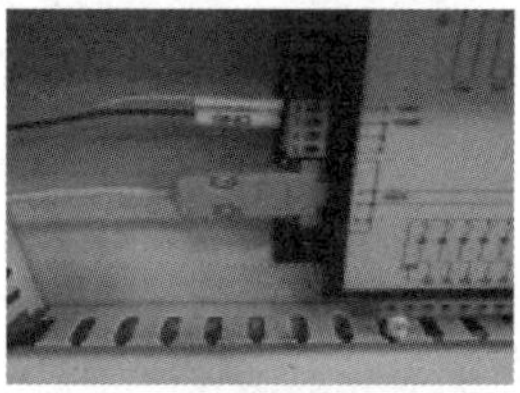
		硬件故障	1. 确定从回流焊炉中出来的通信线是否接对	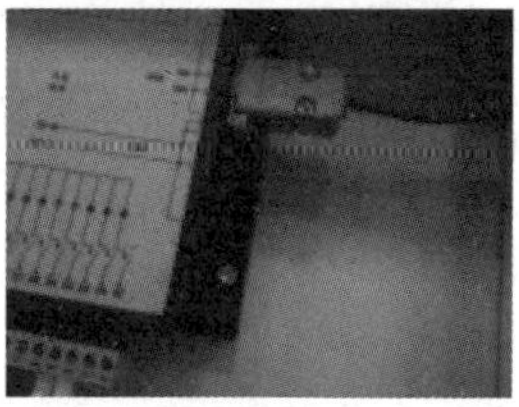
			2. 确定有无其他设备在使用 COM2 端口，使地址与中断冲突	
故障三	回流焊机高温报警	软件故障	1. 找出有问题的温区，将峰值温度设为 350℃	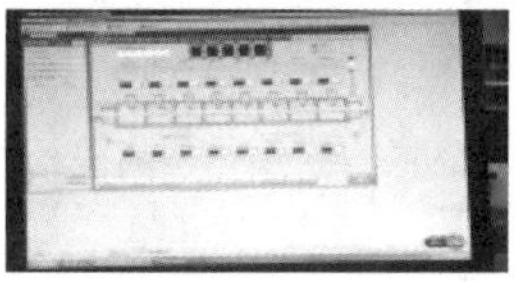
		热电偶故障	2. 使用热电偶检查有问题的温区，测试热电偶有无开路	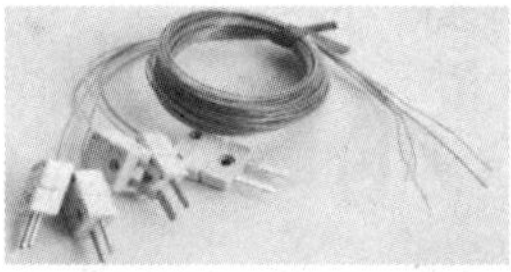
故障四	回流焊机 blower 异响	blower 故障	1. 检测电动机是否平衡，并检查电动机叶轮是否与模组内壁摩擦	

（七）回流焊机的日常保养方案

回流焊要按照严格的规程去进行保养，其中又分为日保养、月保养及季度保养，回流焊机每天都要进行保养。日保养主要是对回流焊机的外部结构进行清洁和检查，防止回流焊机在日常运行的过程中发生故障；月保养主要是对回流焊机的内部及回流焊炉的清洁及检查，防止机器损坏；季度保养主要是对回流焊机的电气部分及控制系统进行检查、维修及更换，防止机器彻底停止运转。所以回流焊机的日常保养是必要的，是不可或缺的；同时回流焊机的日保养及月保养是与季度保养同样重要的，是不可马虎的，回流焊机的日常保养见表 2-3-9。

表 2-3-9　回流焊机的日常保养

保养内容				保养周期		
保养项目	保养部件	保养内容	图示	日保养	月保养	季保养
机器外部清洁	机器外壳	擦拭清洁回流焊机外壳灰尘等脏物		√	√	√
	机器表面螺丝	目视检查有无松动、掉落等现象，及时通知技术员		√	√	√
机器内部清洁	传感器	擦拭清洁炉子前后传感器灰尘等脏物			√	√
	传送带	用滴油器在传送链条上滴高温油			√	√
机器下部清洁	机器下地面	目视检查回流炉下地面，若有异物则及时清理		√	√	√
机器局部清洁	冷却风扇	用吸尘器将机壳上各排风口上灰尘吸净			√	√

续表

保养内容				保养周期		
保养项目	保养部件	保养内容	图示	日保养	月保养	季保养
机器运行过程中	运行中有无异音	链条在正常运转时，听听有无异响		✓	✓	✓
电气部分	三菱电机PLC	检查 PLC 是否损坏，输入输出信号是否正常，并擦拭干净			✓	✓
	变频器	检查两个变频器是否正常工作，检查接线端有无松动，并擦拭干净				✓
	电源	检查电源是否正常输入，检查接线端有无松动，并进行 6S 清洁			✓	✓
	时间继电器	检查时间继电器能否正常运行，检查线路有无松动，定时是否准确，并进行 6S 清洁				✓
	空气开关	检查空气开关是否能正常运行，检查线路有无松动，并进行 6S 清洁			✓	✓
	熔断器	检查空气开关是否能正常运行，检查线路有无松动，并进行 6S 清洁			✓	✓

续表

保养内容				保养周期		
保养项目	保养部件	保养内容	图示	日保养	月保养	季保养
轨道部分	轨道平行度	检查轨道平行度是否一致，并进行6S清洁				√
	轨道调宽与传动杆	检查链条是否正常运转，轴杆不可有过脏、偏移、变形等现象				√
UPS	清洁UPS	检查清洁UPS是否良好，用万用表测量两端电压				√
链条	调整链条	将传动链条拆下保养，并进行6S清洁				√
气路部分	启盖气压杆	检查启盖气压杆有无过脏、偏移、变形等现象发生，并进行6S清洁				√
	气压仪	检查气压仪是否为0.49MPa				√

任务实施

1. 锡膏印刷机操作工卡

按要求完成锡膏印刷机操作工卡，本任务采用实训教学模式，配套数字化实训平台的资源，实训教学环境与企业的生产环境相结合。通过任务的实施，使学生掌握锡膏的储存和使用，掌握锡膏印刷机的生产工艺流程和注意事项，并能够熟练操作锡膏印刷机，印刷质量符合企业标准要求。培养学生的质量意识、安全意识、节约意识和 6S 意识，培养学生"三敬""零无"的航空职业素养和追求高效、精益求精的工匠精神。

2. 回流焊机操作工卡

按要求完成回流焊机操作工卡，本任务采用实训教学模式，配套数字化实训平台的资源，实训教学环境与企业的生产环境相结。通过任务的实施，使学生了解回流焊的生产工艺流程和注意事项，掌握回流焊机的基本操作，焊接质量符合企业标准要求，掌握回流焊温度曲线的测试和各温区温度设置。培养学生的质量意识、安全意识、节约意识和 6S 意识，培养学生"三敬""零无"的航空职业素养和追求高效、精益求精的工匠精神。

思考题

1. 简述 SMT 生产工艺流程。
2. 分析回流焊温度曲线，简述各温区的作用。
3. 简述回流焊接锡桥的形成原因及解决方法。

随手笔记

项目 3

电子产品的质量检测与维修

项目导读

　　检测是通过观察和判断，适当结合测量、试测对电子产品进行的符合性评价。整机检测就是按整机技术要求规定的内容进行观察、测量、试验，并将得到的结果与规定的要求进行比较，以确定整机各项指标的合格情况。电子产品检测包括外观检测和功能检测。维修是为保持或恢复产品处于正常功能的状态而进行的技术和管理活动的组合。维修包括产品维修和设备维护保养。电子产品的质量检测与维修流程是电子产品生产企业的生命线，决定着企业产品的质量和企业形象，返修率、回炉率过高将直接增加企业的运作成本，严重影响企业的社会信誉度，同时产品检验是现代电子企业生产中必不可少的质量监控手段，主要起到对产品生产的过程控制、质量把关，判定产品的合格性等作用。

　　那么如何进行电子产品的质量检测与维修？常用的电子产品检测方法有哪些？常见的维修方法与技巧有哪些？

教学目标

★掌握万用表、示波器、信号发生器等仪器仪表的使用方法。

★了解万用表、示波器、信号发生器等仪器仪表的维护、保养方法和注意事项。

★掌握电子产品质量检测与维修的常用方法与技巧。

★了解电子产品生产企业的质量管理模式以及产品质量检测与维修的工艺流程。

★能够独立完成倒车雷达整机的质量检测与维修任务。

★能够独立完成其他小型电子产品的质量检测与维修任务。

★培养学生"安全至上、节约环保"的职业素养。

★培养学生的质量意识、成本意识、风险意识和责任意识。

任务一 常用仪器仪表的使用

任务描述

常用仪器仪表的使用保养是涉电从业者的一项基本操作技能，也是提高电子产品生产质量及可靠性的保障，本任务主要是通过双路报警器和开关稳压电源电路检修与测试，使学生能熟练使用万用表、示波器、信号发生器等常用仪器仪表，并掌握其维护保养的方法和注意事项，提高实际操作能力。本任务采用"教、学、做一体"和实训教学的教学模式。

任务要求

1. 掌握万用表、示波器、信号发生器等仪器仪表的使用方法。
2. 了解万用表、示波器、信号发生器等仪器仪表的维护、保养方法和注意事项。

知识链接

一、UT151A 型数字万用表的使用

（一）UT151A 型数字万用表简介

UT151A 是一款性能稳定、高可靠性手持式三位半数字万用表，整机电路设计以大规模集成电路、双积分 A/D 转换器为核心并配以全功能过载保护，可用来测量直流和交流电压、电流、电阻、二极管、三极管、频率、电池以及电路通断等多功能的数字万用表。

UT151A 型数字万用表前面板如图 3-1-1 所示，后面板如图 3-1-2 所示。各单元模块依次是：（1）电源开关；（2）电容测试座；（3）LCD 显示器；（4）数据保持按钮；（5）挡位开关；（6）晶体管测试座；（7）表笔插座。

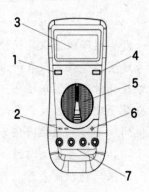

图 3-1-1　UT151A 型数字万用表前面板

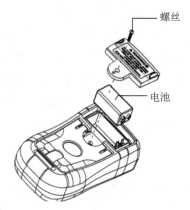

螺丝

电池

图 3-1-2　UT151A 型数字万用表后面板

（二）UT151A 型数字万用表的使用方法

1. 交流 / 直流电压测量

（1）操作步骤：

1）将黑表笔插入 COM 插孔，红表笔插入 V 插孔。

2）将挡位开关置于交流 V～ 或直流 V⎓ 量程，并将测试表笔并联接到待测电源或负载上，电压值显示的同时，将显示红表笔的极性。

（2）注意事项：

1）如果不知被测电压范围，将挡位开关置于最大量程，并逐渐下调。

2）如果显示器只显示"1"，表示过量程，挡位开关应置于更高量程。

2. 交流 / 直流电流测量

（1）操作步骤：

1）将黑表笔插入 COM 插孔，当测量最大值为 200mA 以下的电流时，红表笔插入 mA 插孔。当测量最大值为 20A 的电流时，红表笔插入 20A 插孔。

2）将挡位开关置于交流 A～ 或直流 A⎓ 量程，并将测试笔串联接入到待测负载回路里，电流值显示的同时，将显示红表笔的极性。

（2）注意事项：

1）如果使用前不知道被测电流范围，将挡位开关置于最大的量程并逐渐下调。

2）如果显示器只显示"1"，表示过量程，挡位开关应置于更高量程。

3. 电阻测量

（1）操作步骤：

1）将黑表笔插入 COM 插孔，红表笔插入 Ω 插孔。

2）将挡位开关置于 Ω 量程，将测试笔并联接到待测电阻上。

（2）注意事项：

1）如果被测电阻值超出所选择量程的最大值，将显示过量程"1"，应选择更大量程，对于大于 1MΩ 或更高的电阻，要几秒后读数才能稳定，对于高阻值读数这是正常的。

2）当无输入时，例如开路情况，仪表显示为"1"。

3）当检查内部线路阻抗时，被测线路必须所有电源断开，电容电荷放尽。

4）使用"2k、20k、200k"挡位测量电阻时，实际电阻值 = 显示屏读数值 ×1000；使用"2M、20M、200M"挡位测量电阻时，实际电阻值 = 显示屏读数值 ×10^6。

5）200MΩ 短路时有"10"个字，测量时应从读数中减去，如测量 100MΩ 电阻时，显示为 101.0，"10"个字应被减去。

4. 电容测试

（1）操作步骤：

1）将挡位开关置于 Fcx 量程（电容 200μF 挡），将电容的两个引脚分别插入电容座内。

2）连接待测电容之前，注意每次转换量程时复零需要时间，有漂移读数存在，但不会影响测试精度。

（2）注意事项：

1）仪器本身虽然对电容挡设置了保护，但仍需将待测电容先放电然后进行测试，以防损坏本表或引起测量误差。

2）测量大电容时稳定读数需要一定的时间。

5. 二极管测试及蜂鸣器的连续性测试

操作步骤：

（1）将黑色表笔插入 COM 插孔，红表笔插入 VΩ 插孔（红表笔极性为"+"），将挡位开关置于"➤、⑴)"挡，并将表笔连接到待测二极管，读数为二极管正向压降的近似值，测试条件见表 3-1-1。

（2）将表笔连接到待测线路的两端，如果两端之间电阻值低于约 10Ω，内置蜂鸣器发声。

表 3-1-1 二极管测试及蜂鸣器的连续性测试

量程	说　明	测试条件
➤	显示二极管正向电压值（近似值），单位为 mV	正向直流电流约 1mA 反向直流电压约 2.8V
⑴)	导通电阻≤10Ω 时机内蜂鸣器响，>10Ω 时可响可不响，显示电阻近似值，单位为 Ω	开路电压约 2.8V

6. UT151A 型数字万用表的使用注意事项和保养

该数字万用表是一台精密电子仪器，为保证测量精度和延长使用寿命，需爱惜爱护仪表，不要随意更改线路，按规程操作使用，并注重仪表的保养。

（1）使用注意事项。

1）量程挡位开关应置于正确测量位置。

2）红、黑表笔应插在符合测量要求的插孔内，保证接触良好。

3）严禁量程开关在电压测量或电流测量过程中改变挡位，以防损坏仪表。

4）不要接高于 1000V 的直流电压或高于 750V 的交流有效值电压。

5）不要在功能开关处于"电流挡位""Ω"和" ✈、))) "位置时，将电压源接入。

（2）仪表保养。

1）测量完毕应及时关断电源，长期不用时，应取出电池。

2）在电池没有装好或后盖没有上紧时，请不要使用此表。后盖没有盖好前严禁使用，否则有电击危险。

3）只有在测试表笔移开并切断电源以后，才能更换电池或保险丝。

4）仪表设有自动电源切断电路，当仪表工作时间约 15min，电源自动切断，仪表进入睡眠状态，这时仪表约消耗 7μA 的电流。

5）当仪表电源切断后若要重新开启电源，请重复按动电源开关两次。

二、DS1072E-EDU 型数字示波器的使用

（一）DS1072E-EDU 型数字示波器简介

DS1072E-EDU 型数字示波器是一款高性能指标、经济型的，具有双通道，加一个外部触发输入通道的数字示波器。其前面板设计清晰直观，符合传统仪器的使用习惯，方便操作。同时为加速调整，便于测量，可以直接使用 AUTO 键，将立即获得适合的波形显示和挡位设置。此外，高达 1GSa/s 的实时采样率、25GSa/s 的等效采样率及强大的触发和分析能力，可帮助使用者更快、更细致地观察、捕获和分析波形。

（1）DS1072E-EDU 型数字示波器前面板如图 3-1-3 所示。各单元模块和接口名称依次标注在图上。

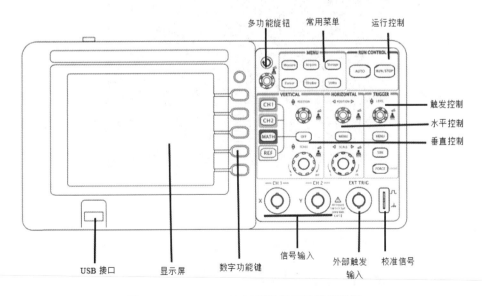

图 3-1-3　DS1072E-EDU 型数字示波器前面板

（2）DS1072E-EDU 型数字示波器后面板如图 3-1-4 所示。

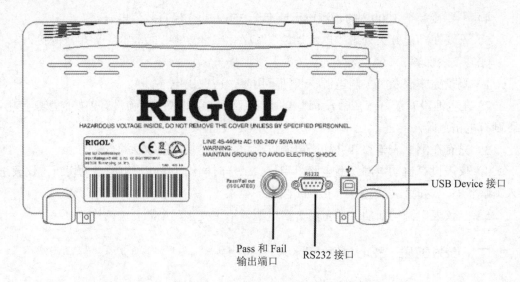

USB Device 接口

Pass 和 Fail
输出端口 RS232 接口

图 3-1-4　DS1072E-EDU 型数字示波器后面板

（3）DS1072E-EDU 型数字示波器 LCD 显示屏显示界面如图 3-1-5 所示。各部分名称依次标注在图上。

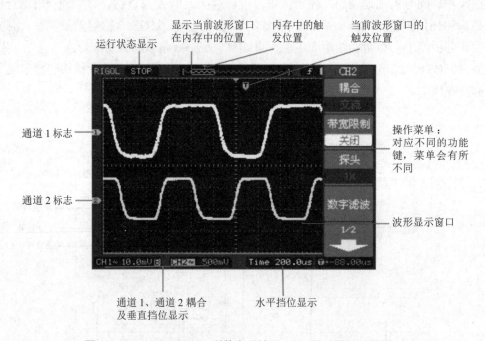

运行状态显示　　显示当前波形窗口在内存中的位置　　内存中的触发位置　　当前波形窗口的触发位置

通道 1 标志

通道 2 标志

操作菜单：对应不同的功能键，菜单会有所不同

波形显示窗口

通道 1、通道 2 耦合及垂直挡位显示　　水平挡位显示

图 3-1-5　DS1072E-EDU 型数字示波器 LCD 显示屏显示界面

（二）DS1072E-EDU 型数字示波器初级操作

1. 数字示波器校准

无论是模拟示波器还是数字示波器都自带校准信号，校准信号除了能够校准示波器

的测量精准度，还能检验示波器和信号线的好坏，如果能显示和观察到校准信号，说明这台示波器的功能基本正常，信号线也能正常使用，否则无法使用。DS1072E-EDU 型数字示波器的校准信号为 3Vp-p，1kHz 的方波信号，下面我们通过具体操作来显示和观察这个波形。

（1）信号线简介。DS1072E-EDU 型数字示波器配备的是带 10 倍衰减功能的探头线，其中金属探头端与示波器信号输入端相连，黑色鳄鱼夹接信号负极，针头接信号正极，其实物如图 3-1-6 所示。

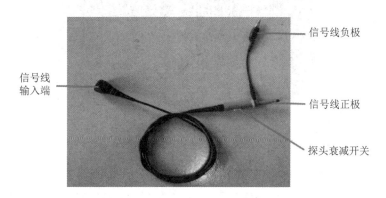

图 3-1-6 带 10 倍衰减功能的探头信号线

（2）信号线连接。信号线正极接示波器右下角校准信号端，信号线负极接地，如图 3-1-7 所示。

（3）数字示波器校准操作。在示波器右上角的运行控制区找到 AUTO 键（自动扫描），按下 AUTO 键，示波器将自动获得适合的波形显示和挡位设置，波形如图 3-1-7 所示。若按以上步骤操作，能够正常观察到方波信号，说明示波器和信号线都是好的，否则，应检查信号线的好坏和示波器功能是否正常。

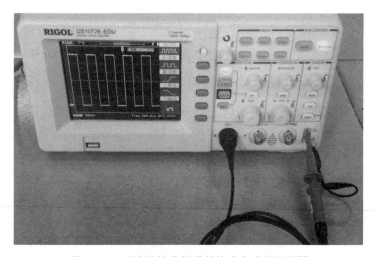

图 3-1-7 示波器校准信号的接线和波形显示图

（4）示波器的读数。DS1072E-EDU 型数字示波器也可以和模拟示波器一样，通过显示屏的小方格进行读数。读数方法：读数值 = 挡位数 × 格子数，例如校准信号：峰峰值 =500mV×6 格 =3Vp-p，周期 =500μs×2 格 =1ms，如图 3-1-8 所示。

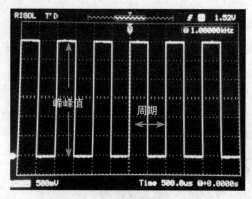

图 3-1-8　示波器读数方法

2. 示波器的常用设置

（1）垂直方向设置。垂直方向设置操作面板如图 3-1-9 所示，在垂直控制区（VERTICAL）有一系列的按键、旋钮，下面主要介绍 POSITION 旋钮（垂直位移旋钮）、SCALE 旋钮（幅度调节旋钮）。

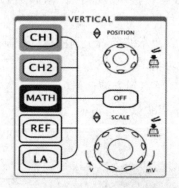

图 3-1-9　垂直方向设置操作面板

- 垂直 POSITION 旋钮：控制信号的垂直显示位置。旋动垂直 POSITION 旋钮可以改变信号的垂直显示位置，波形随旋钮而垂直移动。该旋钮可以作为设置通道垂直显示位置恢复到零点的快捷键。
- 垂直 SCALE 旋钮：旋转 SCALE 旋钮改变"V/div（伏 / 格）"垂直挡位，可以发现状态栏左下角对应通道的幅度挡位显示发生了相应的变化。该旋钮可以作为设置输入通道的粗 / 微调状态的快捷键，调节该旋钮即可粗调 / 微调垂直挡位。

（2）水平方向设置。水平方向设置操作面板如图 3-1-10 所示，在水平控制区（HORIZONTAL）有一个按键、两个旋钮。下面主要介绍水平 POSITION 旋钮（水平位移旋钮）、水平 SCALE 旋钮（周期调节旋钮）。

● 水平 POSITION 旋钮：控制信号的水平显示位置。旋转水平 POSITION 旋钮可以改变信号水平显示位置，波形随旋钮而水平移动。调节该旋钮使触发位移（或延迟扫描位移）恢复到水平零点处。

● 水平 SCALE 旋钮：旋转 SCALE 旋钮改变"s/div（秒 / 格）"水平挡位，可以发现状态栏对应通道的周期挡位显示发生了相应的变化。水平扫描速度从 2ns 至50s，以 1-2-5 的形式步进。更可以调节该旋钮切换到延迟扫描状态。

（3）运行控制区设置。在运行控制区（RUN CONTROL）有两个按键，如图 3-1-11所示。下面介绍数字示波器运行系统的设置。

运行控制区包括 AUTO（自动设置）和 RUN/STOP（运行 / 停止）。

AUTO（自动设置）：自动设定仪器各项控制值，以产生适宜观察的波形。

RUN/STOP（运行 / 停止）：运行和停止波形采样。

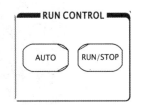

图 3-1-10　水平方向设置操作面板　　　　图 3-1-11　运行控制面板

（4）自动测量 Measure 键。Measure 键面板如图 3-1-12 所示，DS1072E-EDU 型数字示波器提供 20 种自动测量的波形参数，包括 10 种电压参数（峰峰值、最大值、最小值、幅值等）和 10 种时间参数（频率、周期、上升时间、下降时间等），方便直接读数。具体操作如下所述。

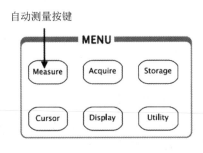

图 3-1-12　Measure 键面板

1）峰峰值测量。

a．峰峰值测量步骤如图 3-1-13 所示。按下 Measure 键，此时按键被点亮，显示屏弹出 Measure 对话框，如图 3-1-14 所示，按 1 号菜单操作键选择输入通道 CH1 或 CH2。

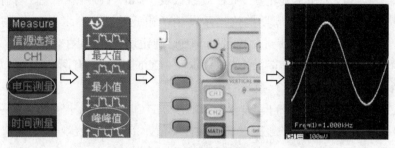

图 3-1-13　峰峰值测量步骤

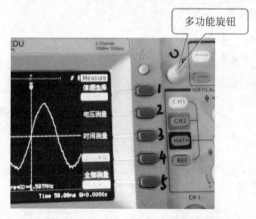

图 3-1-14　Measure 自动测量界面

b．选择参数测量，按 2 号菜单选择电压测量，按钮顺序为：按下 2 号键弹出电压测量对话框，旋转 　 旋钮，选择峰峰值，并单击确认，在屏幕下方即可显示幅度值 Vp-p。

c．关闭自动测量，要想关闭自动测量，双击 Measure 键，此时按键熄灭。

注意：若显示的数据为 "*****"，表明在当前的设置下，此参数不可测。

2）频率测量。

a．按下 Measure 键，此时按键被点亮，显示屏弹出对话框，如图 3-1-15 所示，按 1 号菜单操作键选择输入通道 CH1 或 CH2。

b．选择参数测量，按 3 号菜单选择键时间测量，按钮顺序为：按下 3 号键弹出时间测量对话框，旋转 　 旋钮，选择频率，并点击确认，在屏幕下方即可显示频率值 Freq。

c．关闭自动测量，要想关闭自动测量，双击 Measure 键，此时按键熄灭。

注意：若显示的数据为 "*****"，表明在当前的设置下，此参数不可测。

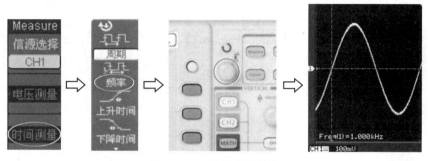

图 3-1-15　频率测量步骤

备注：本书对按键的标识用带阴影的字符表示，如 Measure 代表前面板上一个标注着 Measure 字符的功能键，菜单软键的标识用带阴影的字符表示，如电压测量表示 Measure 菜单中的"电压测量"选项。

（三）DS1072E-EDU 型数字示波器高级操作

通过前面的学习，您已经初步了解了 DS1072E-EDU 型数字示波器的垂直控制（VERTICAL）、水平控制（HORIZONTAL）、自动扫描键（AUTO）和自动测量（Measure）的操作，以及前面板各功能区和按键、旋钮的作用。下面将介绍以下功能：设置垂直系统（CH1、CH2 通道设置），设置水平系统（MENU 的延迟扫描），设置触发系统（LEVEL、MENU、50%、FORCE），自动测量（Measure），设置运行控制系统（RUN CONTROL）。

1. 垂直系统设置

按 CH1 或 CH2 功能键，系统将显示 CH1 或 CH2 通道的操作菜单，如图 3-1-16 和图 3-1-17 所示，详细说明见表 3-1-2（以 CH1 为例）。

表 3-1-2　THT 生产工艺流程图

功能菜单	设定	说明
耦合	直流 交流 接地	通过输入信号的交流和直流成分； 阻挡输入信号的直流成分； 断开输入信号
带宽限制	打开 关闭	限制带宽至 20MHz，以减少显示噪声满带宽
探头	1× 5× 10× 50× 100× 500× 1000×	根据探头衰减因数选取相应数值，确保垂直标尺读数准确
数字滤波		设置数字滤波
⬇（下一页）	1/2	进入下一页菜单（以下均同，不再说明）

图 3-1-16　CH1 操作菜单 1

图 3-1-17　CH1 操作菜单 2

功能菜单	设定	说明
（上一页）	2/2	返回上一页菜单（以下均同，不再说明）
挡位调节	粗调 微调	粗调按 1-2-5 进制设定垂直灵敏度；微调是指在粗调设置范围之内以更小的增量改变垂直挡位
反相	打开 关闭	打开波形反向功能；波形正常显示

操作说明如下：

（1）通道耦合设置。

1）以 CH1 通道为例，被测信号是一含有直流偏置的正弦信号。按 CH1 → 耦合 → 交流，设置为交流耦合方式，被测信号含有的直流分量被阻隔，波形显示如图 3-1-18 所示。

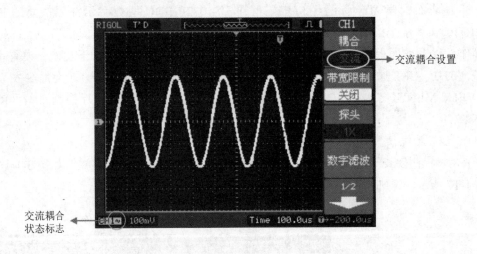

图 3-1-18　交流耦合方式

2）按 CH1 → 耦合 → 直流，设置为直流耦合方式，被测信号含有的直流分量和交流分量都可以通过，波形显示如图 3-1-19 所示。

3）按 CH1 → 耦合 → 接地，设置为接地方式，信号含有的直流分量和交流分量都被阻隔，波形显示如图 3-1-20 所示。

（2）调节探头比例。为了配合探头的衰减系数，需要在通道操作菜单中调整相应的探头衰减比例系数，见表 3-1-3。如探头衰减系数为 10∶1，示波器输入通道的比例也应设置成 10X，以避免显示的挡位信息和测量的数据发生错误。例如按 CH1 → 探头 → 1000X，为应用 1000∶1 探头时的设置及垂直挡位的显示，如图 3-1-21 所示。

（3）波形反相的设置。按 CH1 → 反相 → 打开，波形反相设置，可将信号相对地电位翻转 180° 后再显示。

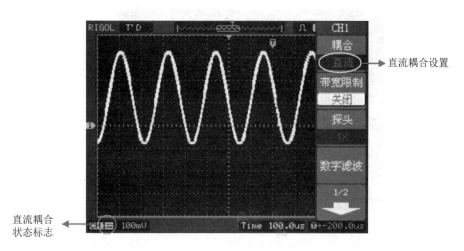

图 3-1-19　直流耦合方式

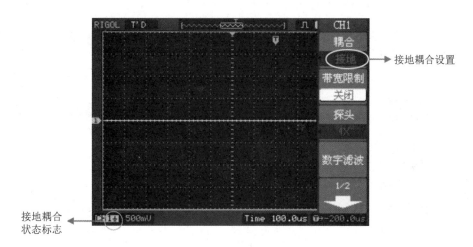

图 3-1-20　接地耦合方式

表 3-1-3　探头衰减系数菜单

探头衰减系数	对应菜单设置
1:1	1×
5:1	5×
10:1	10×
20:1	20×
50:1	50×
100:1	100×

电子产品生产与检测

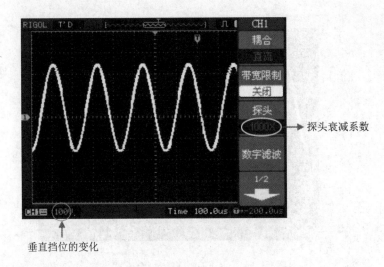

探头衰减系数

垂直挡位的变化

图 3-1-21 设置探头衰减系数

2. 水平系统设置

按水平系统 MENU 功能键，系统将显示水平系统的操作菜单，如图 3-1-22 所示，详细说明见表 3-1-4 所示。

表 3-1-4 水平系统设置菜单

功能菜单	设定	说明
延迟扫描	打开 关闭	进入 Delayed 波形延迟扫描； 关闭延迟扫描
时基	Y-T	Y-T 方式显示垂直电压与水平时间的相对关系；
	X-Y	X-Y 方式在水平轴上显示通道 1 幅值，在垂直轴上显示通道 2 幅值；
	Roll	Roll 方式下示波器从屏幕右侧到左侧滚动更新波形采样点
采样率		显示系统采样率
触发位移 复位		调整触发位置至中心零点

图 3-1-22 水平系统操作菜单

（1）状态标志说明。在水平系统设置过程中，各参数的当前状态在屏幕中会被标记出来，方便用户观察和判断，如图 3-1-23 所示。

①表示当前的波形视窗在内存中的位置。

②表示触发点在内存中的位置。

③表示触发点在当前波形视窗中的位置。

④水平时基（主时基）显示，即"秒 / 格"（s/div）。

⑤触发位置相对于视窗中点的水平距离。

（2）延迟扫描。延迟扫描用来放大一段波形，以便查看图像细节。延迟扫描时基设

定不能慢于主时基的设定。操作步骤为按水平系统的 MENU → 延迟扫描，如图 3-1-24
所示。

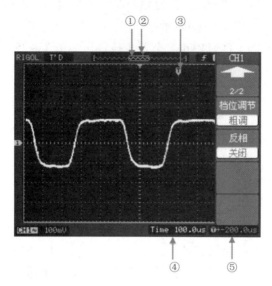

图 3-1-23　水平设置标志说明

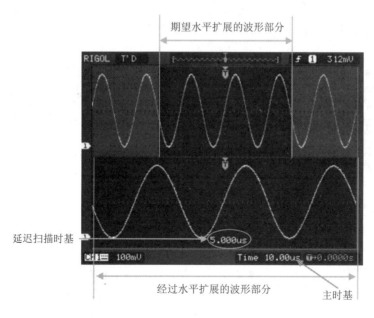

图 3-1-24　延迟扫描示意图

延迟扫描操作进行时，屏幕将分为上下两个显示区域，其中：上半部分显示的是原
波形。未被半透明蓝色覆盖的区域是期望被水平扩展的波形部分。此区域可以通过转动
水平 POSITION 旋钮左右移动，或转动水平 SCALE 旋钮扩大和减小选择区域。

下半部分是选定的原波形区域经过水平扩展后的波形。值得注意的是，延迟时基相对于主时基提高了分辨率。由于整个下半部分显示的波形对应于上半部分定的区域，因此转动水平旋钮减小选择区域可以提高延迟时基，即可提高波形的水平扩展倍数。

3. 运行控制区设置

在运行控制区（RUN CONTROL）有两个按键，如图 3-1-25 所示。下面介绍数字示波器运行系统的设置。

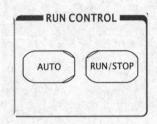

图 3-1-25　运行控制面板

（1）按键说明。运行控制区包括 AUTO（自动设置）和 RUN/STOP（运行 / 停止）。

AUTO（自动设置）：自动设定仪器各项控制值，以产生适宜观察的波形显示。

RUN/STOP（运行 / 停止）：运行和停止波形采样。

（2）操作说明

按 AUTO（自动设置）键，快速设置和测量信号。按 AUTO 后，菜单显示如图 3-1-26 所示，详细说明见表 3-1-5。示波器自动设定仪器各项控制值，见表 3-1-6，以产生适宜观察的波形显示。

表 3-1-5　自动设置菜单

图 3-1-26　AUTO 操作菜单

功能菜单	设定	说明
多周期		设置屏幕自动显示多个周期信号
单周期		设置屏幕自动显示单个周期信号
上升沿		自动设置并显示上升时间
下降沿		自动设置并显示下降时间
（撤销）		撤销自动设置，返回前一状态

表 3-1-6　自动设定功能项目

功能	设定
显示方式	Y-T
获取方式	普通

续表

功能	设定
垂直耦合	根据信号调整到交流或直流
垂直"V/div"	调节至适当挡位
垂直挡位调节	粗调
带宽限制	关闭（即满带宽）
信号反相	关闭
水平位置	居中
水平"S/div"	调节至适当挡位
触发类型	边沿
触发信源	自动检测到有信号输入的通道
触发耦合	直流
触发电平	中点设定
触发方式	自动
POSITION 旋钮	触发位移

按 RUN/STOP（运行 / 停止）键，运行和停止波形采样。按一次处于运行状态，此时按键被点亮，再按一次示波器停止波形采样，此时按键变成红色，依次往复，可进行运行、停止状态的切换。

注意：在停止的状态下，对于波形垂直挡位和水平时基可以在一定的范围内调整，相当于对信号进行水平或垂直方向上的扩展。

4. 自动测量功能的使用

在 MENU 控制区中，Measure 为自动测量功能按键，如图 3-1-27 所示。下面介绍数字示波器的测量功能。

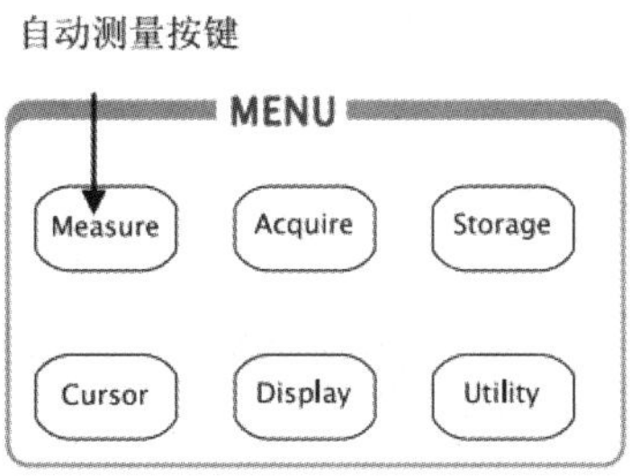

图 3-1-27　自动测量功能按键

（1）菜单说明。按 Measure 自动测量功能键，系统将显示自动测量操作菜单，如图 3-1-28 所示，详细说明见表 3-1-7。该系列示波器提供 20 种自动测量的波形参数，包括 10 种电压参数和 10 种时间参数：峰峰值、最大值、最小值、顶端值、底端值、幅值、平均值、均方根值、过冲、预冲、频率、周期、上升时间、下降时间、正占空比、负占空比、正脉宽和负脉宽等，详细说明见图 3-1-29、图 3-1-30、表 3-1-8、表 3-1-9。

图 3-1-28　Measure 操作菜单

表 3-1-7　Measure 设置菜单

功能菜单	显示	说明
信源选择	CH1 CH2	设置被测信号的输入通道
电压测量		选择测量电压参数
时间测量		选择测量时间参数
清除测量		清除测量结果
全部测量	关闭 打开	关闭全部测量显示； 打开全部测量显示

10 种电压测量参数包含峰峰值、最大值、最小值、顶端值、底端值、幅值、平均值、均方根值、过冲、预冲等。

图 3-1-29　电压操作菜单

表 3-1-8　电压测量参数

功能菜单	显示	说明
最大值		测量信号最大值
最小值		测量信号最小值
峰峰值		测量信号峰峰值
顶端值		测量信号顶端值

10 种时间测量参数包含频率、周期、上升时间、下降时间、正占空比、负占空比、正脉宽和负脉宽等。

图 3-1-30　时间操作菜单

表 3-1-9　时间测量参数

功能菜单	显示	说明
周期		测量信号周期
频率		测量信号频率
上升时间		测量上升沿信号上升时间
下降时间		测量下降沿信号下降时间

（2）操作步骤。

1）选择被测信号通道。根据信号输入通道不同，选择 CH1 或 CH2。

按钮操作顺序为：Measure →信源选择→ CH1 或 CH2。

2）获得全部测量数值。如图 3-1-31 菜单所示，按 5 号菜单操作键，设置"全部测量"项状态为打开。18 种测量参数（不包括"延迟 1 → 2 上升沿"和"延迟 1 → 2 下降沿"参数）值显示于屏幕下方。

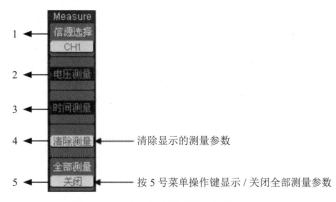

图 3-1-31　打开 / 关闭测量参数

3）选择参数测量。按 2 号或 3 号菜单操作键选择测量类型，查找感兴趣的参数所在的分页。

按钮操作顺序为：Measure →电压测量 / 时间测量→最大值 / 最小值……

4）获得测量数值。应用 2、3、4、5 号菜单操作键选择参数类型，并在屏幕下方直接读取显示的数据。若显示的数据为"*****"，表明在当前的设置下，此参数不可测。

5）清除测量数值。按 4 号菜单操作键选择清除测量。此时，所有屏幕下端的自动测量参数（不包括"全部测量"参数）从屏幕消失。

（3）电压参数的含义。DS1072E-EDU 型数字示波器可自动测量的电压参数包括峰峰值、最大值、最小值、平均值、均方根值、顶端值、底端值。图 3-1-32 描述了各个电压参数的物理意义。

● 峰峰值（Vpp）：波形最高点至最低点的电压值。

● 最大值（Vmax）：波形最高点至 GND（地）的电压值。

● 最小值（Vmin）：波形最低点至 GND（地）的电压值。

● 幅值（Vamp）：波形顶端至底端的电压值。

● 顶端值（Vtop）：波形平顶至 GND（地）的电压值。

● 底端值（Vbase）：波形平底至 GND（地）的电压值。

● 过冲（Overshoot）：波形最大值与顶端值之差与幅值的比值。

● 预冲（Preshoot）：波形最小值与底端值之差与幅值的比值。

● 平均值（Average）：单位时间内信号的平均幅值。

均方根值（Vrms）：即有效值。依据交流信号在单位时间内所换算产生的能量，对应于产生等值能量的直流电压，即均方根值。

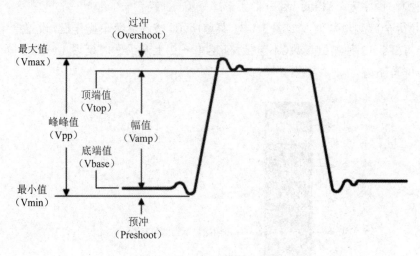

图 3-1-32　电压参数示意图

（四）DS1072E-EDU 型数字示波器操作实例

观测电路中的一个未知信号，迅速显示和测量信号的频率和峰峰值。

1. 迅速显示该信号，按如下步骤操作

（1）将探头菜单衰减系数设定为 1X，并将探头上的开关设定为 1X。

（2）将通道 1 的探头连接到电路被测点。

（3）按下 AUTO（自动设置）按键。

示波器将自动设置使波形显示达到最佳状态。在此基础上，可以进一步调节垂直、水平挡位，直至波形的显示符合您的要求。

2. 进行自动测量

示波器可对大多数显示信号进行自动测量。测量信号频率和峰峰值按如下步骤操作：

（1）测量峰峰值。

按下 Measure 按键以显示自动测量菜单。

按下 1 号菜单操作键以选择信源 CH1。

按下 2 号菜单操作键选择测量类型电压测量，在电压测量弹出菜单中选择测量参数峰峰值。

此时，可以在屏幕左下角发现峰峰值的显示，如图 3-1-33 所示。

（2）测量频率。

按下 3 号菜单操作键选择测量类型时间测量。

在时间测量弹出菜单中选择测量参数频率。

此时，可以在屏幕下方发现频率的显示，如图 3-1-33 所示。

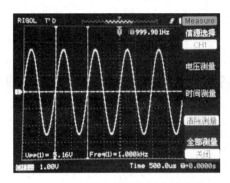

图 3-1-33　示波器输出显示效果图

三、DG1022 型函数信号发生器的使用

（一）DG1022 型函数信号发生器简介

DG1022 型双通道函数 / 任意波形发生器使用直接数字合成（DDS）技术，可生成稳定、精确、纯净和低失真的正弦波、三角波信号，能提供 5MHz、具有快速上升沿和下降沿的方波，还具有高精度、宽频带的频率测量功能。

DG1022 型双通道函数 / 任意波形发生器采用功能明晰的前面板，人性化的键盘布局和指示以及丰富的接口，直观的图形用户操作界面，内置的提示和上下文帮助系统极大地简化了复杂的操作过程，使用者不必花大量的时间去学习和熟悉信号发生器的操作，即可熟练使用。内部 AM、FM、PM、FSK 调制功能使仪器能够方便地调制波形，而无需单独的调制源。

（1）DG1022 型函数信号发生器前面板如图 3-1-34 所示。各单元模块和接口名称依次标注在图上。

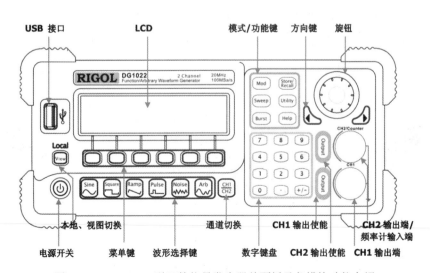

图 3-1-34　DG1022 型函数信号发生器前面板及各模块功能介绍

（2）DG1022 型函数信号发生器后面板如图 3-1-35 所示。

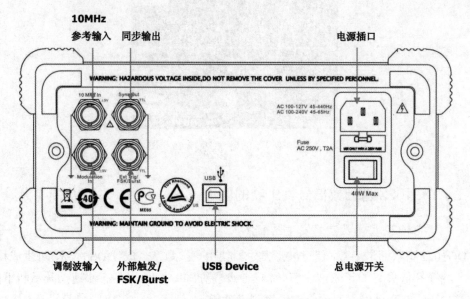

图 3-1-35　DG1022 型函数信号发生器后面板及各接口功能介绍

（二）DG1022 型函数信号发生器初级操作

1. 调整手柄

DG1022 型函数信号发生器的手柄可以任意调节，以便于观察波形和移动函数信号发生器，具体操作步骤如下：

第一步：请握住仪器两侧的手柄并向外拉，操作方法如图 3-1-36 所示。

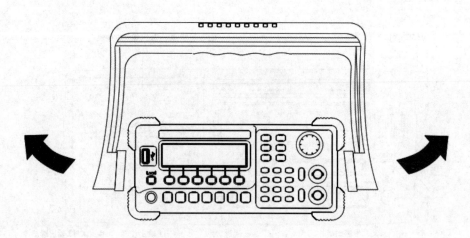

图 3-1-36　调整手柄的方法

第二步：将手柄旋转到所需位置，操作方法如图 3-1-37 所示。

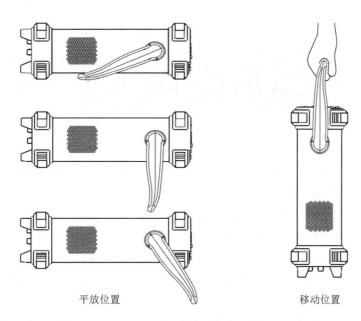

平放位置　　　　　　　　移动位置

图 3-1-37　DG1022 型函数信号发生器外观可调位置

2. DG1022 型函数信号发生器基础操作

DG1022 型函数信号发生器能够产生不同频率、幅值的正弦波、方波、三角波等波形，以下通过具体操作实例来熟悉 DG1022 型函数信号发生器的初级操作。以产生一个频率为 20kHz，峰峰值为 3Vp-p 的正弦波为例，介绍信号发生器的基本操作。

（1）信号线连接。DG1022 型函数信号发生器配备的是 BNC 探头线，首先，金属接口端与信号发生器信号输出端相连，并顺时针旋转 90°；其次，红色鳄鱼夹为正极输出端，黑色鳄鱼夹为负极输出端。信号线实物如图 3-1-38 所示。

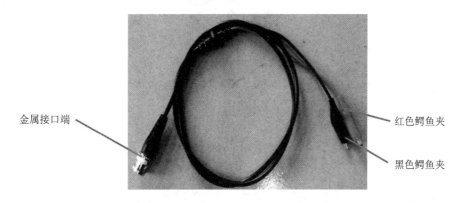

金属接口端　　　　　　　　　　　　　　　　红色鳄鱼夹

黑色鳄鱼夹

图 3-1-38　信号线实物图

（2）信号发生器单通道常规显示界面简介。DG1022 型函数信号发生器能够通过 LCD 液晶屏实时观察到设置波形的参数，便于观察。信号发生器主显示界面包含状态区、波形图标区、操作菜单区、参数显示区、当前活动通道和输出配置，如图 3-1-39 所示。

图 3-1-39　信号发生器单通道常规显示界面

（3）频率/周期设置。屏幕中显示的频率为上电时的默认值，或者是预先选定的频率。若要更改频率参数，操作步骤如下：

1）按 Sine（正弦波）键，设置为正弦波。

2）在操作菜单区按频率/周期键，设置为频率值。

3）使用数字键盘输入"20"，在操作菜单区选择单位"kHz"，设置频率为 20kHz。

备注：若要设置波形周期，则再次按频率/周期键，以切换到周期键（当前选项为反色显示）。

（4）幅度值设置。屏幕显示的幅值为上电时的默认值，或者是预先选定的幅值。若要更改幅值参数，操作步骤如下：

1）在操作菜单区按幅值/高电平键，设置为幅度值。

2）使用数字键盘输入"2.5"，在操作菜单区选择单位"V_{P-P}"，设置幅值为 $2.5V_{P-P}$。

备注：若要使用高电平和低电平设置幅值，再次按幅值/高电平或者偏移/低电平键，以切换到高电平和低电平键（当前选项为反色显示）。

（5）输出设置。在前面板右下角有两个按键，用于通道输出、频率计输入的控制，其面板如图 3-1-40 所示。

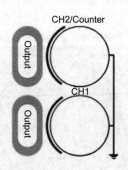

图 3-1-40　通道输出、频率计输入面板

按键说明：Output 按键，启用或禁用前面板的输出连接器输出信号。

操作步骤：按 Output 键，通道显示 ON 且键灯被点亮。

（6）波形观测。首先，信号发生器的信号线与示波器信号线对接，具体操作为示波器信号线正极接红夹子，负极接黑夹子（若两根信号线相同，则红夹子接红夹子，黑夹子接黑夹子）。

注意：极性不能接反。其次，按下示波器 AUTO 键，自动设置示波器参数，以便观察到波形。

（三）DG1022 型函数 / 任意波形发生器的高级操作

1. 显示界面简介

DG1022 型函数 / 任意波形发生器提供了 3 种界面显示模式：单通道常规模式、单通道图形模式和双通道常规模式，如图 3-1-41、图 3-1-42 和图 3-1-43 所示。这 3 种显示模式可通过前面板左侧的 View 键切换。用户可通过 ⊞ 来切换活动通道，以便于设定每通道的参数及观察、比较波形。

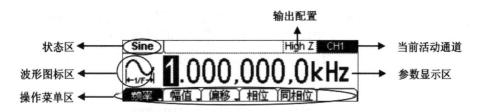

图 3-1-41　单通道常规显示模式

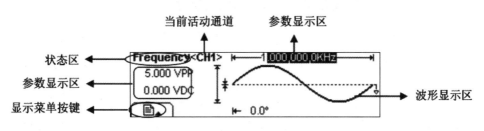

图 3-1-42　单通道图形显示模式

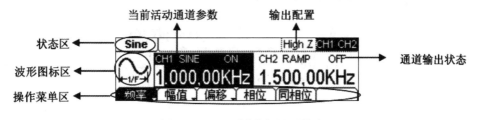

图 3-1-43　双通道常规显示模式

操作说明：使用 View 键切换通道，当前选中的通道可以进行参数设置。在常规和图形模式下均可以进行通道切换，以便用户观察和比较两通道中的波形。

2. 波形设置

（1）面板说明。在操作面板左侧下方有一系列带有波形显示的按键，如图 3-1-44 所示。它们分别是正弦波（Sine）、方波（Square）、锯齿波（Ramp）、脉冲波（Pulse）、噪

声波（Noise）、任意波（Arb），此外还有两个常用按键：通道选择（CHI/CH2）和视图切换键（View）。下面介绍正弦波、方波、三角波 3 种常见的波形的设置，引导使用者逐步熟悉这些按键。本节以下对波形选择的说明均在常规显示模式下进行。

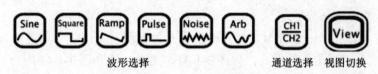

图 3-1-44　波形显示面板

（2）按键说明。

1）Sine 正弦波：使用 Sine 按键，波形图标变为正弦信号，并在状态区左侧出现 Sine 字样，如图 3-1-45 所示。DG1022 型函数 / 任意波形发生器可输出频率从 1μHz 到 20MHz 的正弦波形。通过设置频率 / 周期、幅值 / 高电平、偏移 / 低电平、相位，可以得到不同参数值的正弦波。

图 3-1-45　正弦波常规显示界面

备注：图 3-1-45 所示正弦波使用系统默认参数，频率为 1kHz，幅值为 $5.0V_{P-P}$，偏移量为 0VDC，初始相位为 0°。

2）Square 方波：使用 Square 按键，波形图标变为方波信号，并在状态区左侧出现 Square 字样，如图 3-1-46 所示。DG1022 型函数 / 任意波形发生器可输出频率从 1μHz 到 5MHz 并具有可变占空比的方波。通过设置频率 / 周期、幅值 / 高电平、偏移 / 低电平、占空比、相位，可以得到不同参数值的方波。

图 3-1-46　方波常规显示界面

备注：图 3-1-46 所示方波使用系统默认参数：频率为 1kHz，幅值为 $5.0V_{P-P}$，偏移量为 0VDC，占空比为 50%，初始相位为 0°。

3）Ramp 三角波：使用 Ramp 按键，波形图标变为锯齿波信号，并在状态区左侧出现 Ramp 字样，如图 3-1-47 所示。DG1022 型函数 / 任意波形发生器可输出频率从 1μHz 到 150kHz 并具有可变对称性的锯齿波。通过设置频率 / 周期、幅值 / 高电平、偏移 / 低电平、对称性、相位，可以得到不同参数值的锯齿波。

图 3-1-47　锯齿波常规显示界面

备注：图 3-1-47 所示锯齿波使用系统默认参数，频率为 1kHz，幅值为 5.0V$_{P-P}$，偏移量为 0VDC，对称性为 50%，初始相位为 0°。

3. 输出设置

在前面板右侧有两个按键，用于通道输出、频率计输入的控制，如图 3-1-48 和图 3-1-49 所示。下面介绍这些按键的使用。

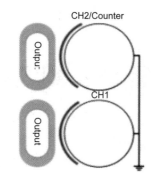

图 3-1-48　通道输出、频率计输入　　　　图 3-1-49　通道输出控制

按键说明：Output 键，启用或禁用前面板的输出连接器输出信号。按下 Output 键的通道显示 ON 且键灯被点亮。

在频率计模式下，CH2 对应的 Output 连接器作为频率计的信号输入端，CH2 自动关闭，禁用输出。

4. 数字输入的使用

在前面板上有两组按键，分别是左右方向键和旋钮、数字键盘，如图 3-1-50 所示。下面介绍数字输入功能的使用。

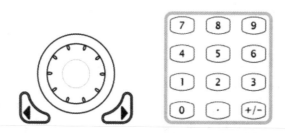

（a）方向键和旋钮　　　　（b）数字键盘

图 3-1-50　前面板的数字输入示意图

按键说明：

1）方向键。用于切换数值的数位、任意波文件/设置文件的存储位置。

2）旋钮。

a．连续改变数值大小。在 0 ～ 9 范围内改变某一数值大小时，顺时针转一格加 1，逆时针转一格减 1。

b．用于切换内建波形种类、任意波文件/设置文件的存储位置、文件名输入字符。

3）数字键盘。直接输入需要的数值，改变参数大小。

5．正弦波的参数设置（Sine）

正弦波的参数主要包括频率/周期、幅值/高电平、偏移/低电平、相位，通过改变这些参数，得到不同的正弦波，详细说明见表 3-1-10。方波、三角波的参数设置方法与正弦波的参数设置类似，本书将不再赘述。

表 3-1-10　Sine 波形的菜单说明

功能菜单	说明
频率/周期	设置波形频率或周期
幅值/高电平	设置波形幅值或高电平
偏移/低电平	设置波形偏移量或低电平
相位	设置正弦波的起始相位

使用 Sine 按键，常规显示模式下，在屏幕下方显示正弦波的操作菜单，左上角显示当前波形名称。通过使用正弦波的操作菜单对正弦波的输出波形参数进行设置，如图 3-1-51 所示。正弦波的参数设置具体操作步骤如下：

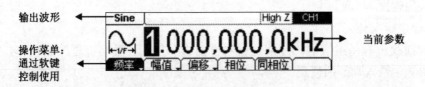

图 3-1-51　正弦波参数值设置显示界面

（1）输出频率/周期设置。

1）按 Sine →频率/周期→频率，设置频率参数值。

2）输入所需的频率值。使用数字键盘，直接输入所选参数值，然后选择频率所需单位，按下对应于所需单位的软键，如图 3-1-52 所示。也可以使用左右键选择需要修改的参数值的数位，使用旋钮改变该数位值的大小。

3）提示说明。当使用数字键盘输入数值时，使用方向键的左键退位，删除前一位的输入，修改输入的数值。

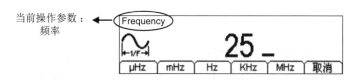

图 3-1-52　设置频率参数值

当使用旋钮输入数值时，使用方向键选择需要修改的位数，使其反色显示，然后转动旋钮，修改此位数字，获得所需要的数值。

（2）输出幅值设置。按 Sine →幅值 / 高电平→幅值，设置幅值参数值，如图 3-1-53 所示。

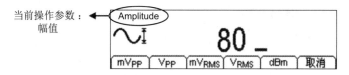

图 3-1-53　设置幅值参数值

（3）偏移电压设置。按 Sine →偏移 / 低电平→偏移，设置偏移电压参数值，如图 3-1-54 所示。

图 3-1-54　设置偏移参数值

（4）起始相位设置。按 Sine →相位，设置起始相位参数值，如图 3-1-55 所示。

（四）DG1022 型函数 / 任意波形信号发生器操作实例

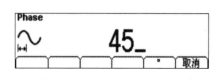

图 3-1-55　设置相位参数值

输出一个频率为 1MHz，幅值为 $2.0V_{P-P}$，偏移量为 10mVDC，占空比为 30%，初始相位为 45° 的方波。具体操作步骤如下：

1. 频率值设置

按 Square →频率 / 周期，软键菜单频率反色显示。使用数字键盘输入"1"，选择单位 MHz，设置频率为 1MHz。

2. 幅度值设置

（1）按幅值 / 高电平软键切换，软键菜单幅值反色显示。

（2）使用数字键盘输入"2"，选择单位 V_{P-P}，设置幅值为 $2V_{P-P}$。

3. 偏移量设置

（1）按偏移 / 低电平软键切换，软键菜单偏移反色显示。

（2）使用数字键盘输入"10"，选择单位 mVDC，设置偏移量为10mVDC。

4．占空比设置

（1）按占空比，软键菜单占空比反色显示。

（2）使用数字键盘输入"30"，选择单位"%"，设置占空比为30%。

5．相位设置

（1）按相位软键使其反色显示。

（2）使用数字键盘输入"45"，选择单位"°"，设置初始相位为45°。

上述设置完成后，按 View 键切换为图形显示模式，信号发生器输出如图 3-1-56 所示的方波。

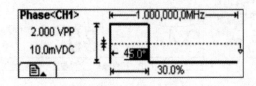

图 3-1-56　输出方波显示界面

🗨️任务实施

示波器和信号发生器的使用工卡

按要求完成示波器和信号发生器的使用工卡，本任务采用"教、学、做一体"和实训教学的教学模式。通过任务的实施，使学生掌握示波器、信号发生器的使用方法和注意事项，了解示波器、信号发生器的维护和保养方法，并能够使用示波器和信号发生器完成简单电子电路的调试任务。培养学生严谨、细心、安全至上、节约环保的职业素养，以及良好的道德品质和团队合作能力。

📢思考题

1．简述示波器和信号发生器的功能和作用。

2．使用示波器 Measure 功能，测量波形的峰峰值的步骤是什么？

3．在信号发生器中，如何设置波形的频率和幅值？

任务二　电子产品的质量检测

🔍任务描述

电子产品的质量检测与维修流程是电子产品生产企业的生命线，决定着企业产品的出厂质量和企业形象，返修率、回炉率过高将直接增加企业的运作成本，严重影响企业的社会信誉度。本任务主要是倒车雷达主板、整机的质量检测，通过任务的实施，让学员掌握电子产品的质量检测方法，提高学员的实践动手能力。本任务采用"教、学、做一体"的教学模式。

任务要求

1. 掌握电子产品质量检测的常用方法与技巧。
2. 了解电子产品生产企业的质量管理模式以及产品质量检测的工艺流程。
3. 能够独立完成倒车雷达主板的质量检测任务。
4. 能够独立完成其他小型电子产品的质量检测。

知识链接

一、电子产品的质量检测方法与技巧

（一）电子产品常见故障的检测方法

电子产品故障检测的方法有很多种，如直观检测法、电阻检测法、电压检测法、电流检测法、干扰检测法、示波器检测法、短路检测法、开路分割法等，下面介绍几种常用的检测方法，仅供大家参考。

1. 直观检测法

直观检测法是指在不采用任何仪器设备、不焊动任何电路元器件的情况下，凭人的视觉、嗅觉、听觉等来检查电子设备故障的一种方法。直观检查法是最简单的一种查找设备故障的方法。

直观检测法分冷检与热检，冷检是在不通电的情况下对电子产品进行直观检查。打开电子产品外壳，检查电子产品内部元器件的情况。通过视觉可以发现保险丝的熔断；元器件的脱焊；电阻器的烧坏（烧焦烧断）；印刷电路板断裂、变形；电池触点锈蚀；机内进水、受潮；接插件脱落；变压器的烧焦；电解电容器爆裂；油或蜡填充物元器件（电容器、线圈和变压器）的漏油、流蜡等现象。用直觉检查法观察到故障元器件后，一般需进一步分析找出故障根源，并采取相应措施排除之。

2. 电阻检测法

电阻检测法是在不通电的情况下，利用万用表的电阻挡检测元器件质量、线路的通与断、电阻值的大小，测量电路中的可疑点、可疑组件以及集成电路各引脚的对地电阻，来判断电路故障的具体部位。

检查开关件的通路与断路、接插件的通路与断路、铜箔线的通路与断路，应根据阻值大小来判断。正常导通时，电阻值应为零，若测得阻值无穷大，则说明开关件、接插件铜箔线断路。用电阻法判断集成电路的好坏，可用万用表的电阻挡，直接测量安装在印制电路板上集成电路引脚对地的阻值，这种测量称为在路电阻测量，其优点是可以

不焊开集成电路引脚的焊点。为确保检测的可靠性，在进行电阻测量前应对各在路滤波电容进行放电，防止大电容储电烧坏万用表。检测元器件的对地电阻，一般采用"正向电阻测试"和"反向电阻测试"两种方式相结合来进行测量。习惯上，"正向电阻测试"是指黑表笔接地，用红表笔接触被测点；"反向电阻测试"是指红表笔接地，用黑表笔接触被测点。通过检测集成电路各引脚与接地引脚之间的电阻值并与正常值进行比较，便可粗略地判断该集成电路的好坏。由于在路电阻测量是直接在印制板上测量集成电路或其他元器件两端或对地的阻值，而被测元器件是接在电路中的，因此所测数值会受到其他并联支路的影响，在分析测量结果时应予以考虑。除了在路电阻测量外，还有一种不在路电阻测量。所谓不在路电阻测量，就是将被测元器件的一端或整个元器件从印制板上焊下后测其阻值。这种测量虽然比较麻烦，但测量结果却更准确、可靠。

3. 电压检测法

电压检测法是运用万用表的电压挡测量电路中关键点的电压或电路中元器件的工作电压，并与正常值进行比较来判断故障电路的一种检测方法。因为电子电路有了故障以后，它最明显的特征是相关的电压会发生变化，因此测量电路中的电压是查找故障时最基本、最常用的一种方法。电压测量主要用于检测各个电子电路的电源电压、晶体管的各电极电压、集成电路各引脚电压及显示器件各电极电压等。测得的电压值是反映电子电路实际工作状态的重要数据，反映工作电压偏离正常值的大小，根据电压的变化，可及时查出故障的原因。

4. 电流检测法

电流检测法通过测量整机电路或集成电路、三极管的静态直流工作电流大小，并与其正常值进行比较，从中来判断故障的部位。用电流检查法检测电路电流时，需要将万用表串入电路，这样会给检测带来一定的不便。

但电流检查法可分为直接测量法和间接测量法两种。用电流直接测量法时，要注意选择合适电流测量口，一般用刀片在铜箔上划一道口子，制造出一个测量口。电流间接测量法就是通过测电压来换算电流或用特殊的方法来估算电流的大小。例如，测三极管电流时，就可以通过测量其集电极或发射极上串联电阻上的压降换算出电流值。采用此种方法测量电流时，无需在印制电路上制造测量口。另外，有些电器在关键电路上设置了温度熔丝电阻。通过测量这类电阻上的电压降，再应用欧姆定律，即可估算出各电路中负载电流的大小。

5. 干扰检测法

干扰检测法是利用人体感应产生杂波信号作为注入的信号源，通过扬声器有无响声或屏幕上有无杂波，以及响声、杂波大与小来判断故障的部位。它是信号注入检查法的简化形式，业余条件下，干扰法是一种简单方便又迅速有效的方法。

干扰检测法常用的操作方法有两种。第一种方法：用万用表 R xlk 挡，红表笔接地，用黑表笔点击（触击）放大电路的输入端。黑表笔在快速点击过程中会产生一系列干扰脉冲信号，这些干扰信号的频率成分较丰富，它有基波和谐波分量。如果干扰信号的频率成分中有一小部分的频率被放大器放大，那么经放大后的干扰信号同样会传输到电路的输出端，然后根据输出端的反应来判断故障的部位。第二种方法：用手拿着小螺钉旋具、镊子的金属部分，去点击（触击）放大电路的输入端。它是由人体感应所产生的瞬间干扰信号送到放大器的输入端。这种方法简便，容易操作。

（二）电子产品常见故障的检测技巧

不同电子产品的故障检测方法不尽一致，应根据电子产品的不同功能、信号特征、电源性质、电压高低等选择合理的检测方法，下面介绍几种常用检测方法的应用技巧，以期达到抛砖引玉的效果。

1. 直观检测法的应用技巧

应用直观检测法要围绕故障现象有重点地对一些元器件进行检查，切莫什么元器件都去仔细观察一次，浪费排除故障的时间。直观检查法通常要用手拨动一些元器件，在拨动中要注意安全，防止元器件碰到 220V 的交流电或其他直流电源。拨过的元器件要扶正，不要让元器件互相碰到一起，特别是金属外壳的耦合电容不能碰到机器内部的金属部件上，否则会引起噪声。对直观检测法得出的结果有怀疑时，要及时运用其他方法来判断，不要放过任一疑点。

2. 电阻检测法的基本技巧

电阻检测法要交替运用在路检测与不在路检测，如果在路检测对元器件质量有怀疑，应从线路板上拆下该元器件后再测。在路检测时，万用表表笔搭在铜箔线路上，要注意铜箔线路是涂上绝缘漆的，应用刀片先刮去绝缘漆。测量铜箔断裂故障时，可以分段测量。当发现某一段铜箔线路开路时，先在 2/3 处划开铜箔线路上的绝缘层，测量两段铜箔线路，再在存在开路的那一段继续测量或分割后测量。断头一般在元器件引脚焊点附近，或在线路板容易弯曲处。在测通路时宜选用 R×1 挡或 R×100 挡。在检测接触不良故障时，可用夹子夹住表笔及测试点，再摆动线路板，若表针断续表现出电阻大，则说明存在接触不良故障。

3. 电压检测法的基本技巧

应用电压检测法重要在于 3 点。一是单手操作。测量电压时用万用表并联连接在元器件或电路两端，无需对元器件、线路做任何调整，所以，为了测量方便可在万用表的一支表笔上装上一只夹子，用此夹子夹住接地点，万用表的另一支表笔用来接触被测点，这样可变双手测量为单手操作，既准确、又安全。二是检测关键点电压。在实际测量中，通常有静态测量和动态测量两种方式。静态测量是在电器不输入信号的情况下测得的结果，动态测量是在电器接入信号时所测得的电压值。三是在检查电池电压时，应尽量采用有负载时的检测，以保证测量的准确性和真实性。

4. 电流检测法的基本技巧

应用电流检测法测量直流电流时要注意表笔的极性，红表笔是流入电流的，在认清电流流向后再串入电表，以免电表反偏转而打弯表针，损坏表头精度；在测量大电流时要注意表的量程，以免损坏电表；测量中若断开铜箔线路，必须记住测量完毕后要及时焊好断口，否则会影响下一步的检查。对于发热、短路故障，采用电流法检测效果明显，但在测量电流时要注意通电时间越短越好，做好各项准备工作后再通电，以免无意中烧坏元器件。由于电流测量比电压测量麻烦，因此应该是先用电压检查法检查，必要时再用电流检查法。

5. 干扰检测法的基本技巧

选用干扰检测法一是要快速点击；二是检查多级放大器电路的无声故障时，一般从后级逐一往前级干扰放大器的输入端，耳听扬声器有无响声；检查视频电路的方法基本一样，只是通过观看屏幕的情况来判断故障部位。干扰检测法对检测无声和声音很轻的故障十分有效。干扰时只用螺丝刀，无需其他仪表、工具，以扬声器响声来判断故障部位，十分方便。干扰检测法有时也可以从中间开始，这样更有利于缩短检测时间，快速判断故障范围。

二、电子产品质量检测与维修案例分析

电子产品在生产组装过程中，由于人为因素、机器故障、元器件质量等综合因素的影响，难免出现元器件漏装、错装、短路、开路、虚焊等现象，导致生产出来的产品不能正常使用，为了保证产品的合格率，维护企业的社会声誉，对于生产出来的成品要进行一系列检查、测试和维修。下面就以 HF 系列倒车雷达为例，介绍电子产品常见故障的检测和维修方法。

（一）HF 系列倒车雷达测试平台简介

HF 系列倒车雷达测试平台是专门针对该系列产品研发的专业检测平台，如图 3-2-1 所示。该平台能够对 HF 系列倒车雷达主板的各单元电路、主要元器件功能异常进行检测，并报告故障代码，以便质量检测和维修人员快速准确地找到故障部位，进而排除故障，使用非常简捷方便。

图 3-2-1　HF 系列倒车雷达测试平台

（二）HF 系列倒车雷达测试平台的硬件检查及接线

HF 系列倒车雷达测试平台的硬件连接如图 3-2-2 所示。

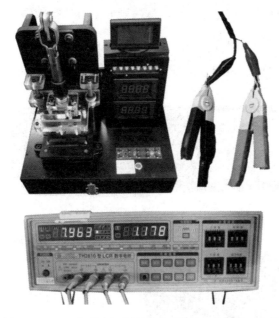

图 3-2-2　HF 系列倒车雷达测试平台的硬件连接示意图

1. 操作步骤

（1）将工作台面清理干净,然后将测试架摆放在台面上,检查测试架外观是否有损坏,是否有少顶针或顶针无弹性等不良现象，顶针正常则进行下一步操作，若顶针有不良现象则通知专业人员来解决。

（2）活动压板手柄，看手柄能否正常摆动，摆动手柄是否有下压困难或卡住，摆动手柄活动正常则进行下一步操作，若有下压困难或卡住现象，则通知专业人员来解决。

（3）将测试架接上电桥，电桥红色夹子接在测试平台红色鳄鱼夹上，电桥黑色夹子接到黑色鳄鱼夹上。

（4）将电桥接上电源，然后调节电桥。

1）按〈频率〉键至〈1kHz〉位置灯亮。

2）按〈显示〉键至〈直读〉位置灯亮。

3）按〈参数〉键至〈L〉位置灯亮。

4）按〈等效〉键至〈串〉位置灯亮。

5）按〈电平〉键至〈0.3V〉位置灯亮。

6）将连接踏板的航空头接到测试平台上，拧紧，不能有松动。

2. 注意事项

（1）非维修人员切勿将测试架底盖开。

（2）必须检查并确认测试架各项硬件正常后才能给测试架上电。

（3）将各种连接线放好，连接线不能挡住测试架的探头，接电桥的线头不能短路。

（4）电桥外壳必须接地，否则会干扰到测试架，造成误测。

（5）如有任何疑问请咨询专业人员，解决疑问后再进行操作。

（三）HF 系列倒车雷达测试平台的自检及功能调试

HF 系列倒车雷达测试平台的自检及功能调试如图 3-2-3 所示。

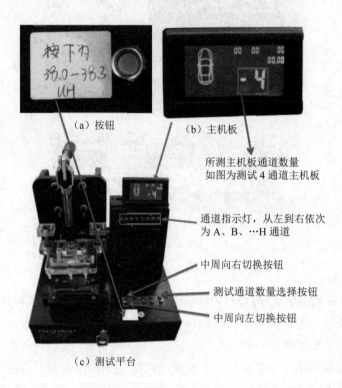

图 3-2-3　HF 系列倒车雷达测试平台的自检及功能调试示意图

1. 操作步骤

（1）给测试架接上电源，测试架开始进行自检，测试架自检时通道指示灯会依次由 A 到 F 单独点亮。注意听声音，在每个灯点亮前会有"嗒"的继电器动作声响，在灯熄灭时同样有"嗒"的继电器动作声响，若自检不通过，将测试架送至维修人员进行维修调试。若自检通过则进行下一步操作。

（2）完成第一步自检后，测试架进入测试准备状态，显示界面及各个显示数值和图形意义参照图 3-2-3（b），根据所测试的待测主机板通道数进行通道选择。参照图 3-2-3（c）按下"测试通道数量选择按钮"进行通道选择。

（3）完成第二步后，如图 3-2-3（a）所示，将此按钮按下，参数为 38.0 ～ 38.3μH，表示电桥测试功能正常。

2. 注意事项

（1）非维修人员切勿将测试架底盖打开。

（2）用不到的按键不要乱按。

（3）作业时需要佩戴静电手环。

（四）HF 系列倒车雷达主板测试

1. 操作步骤

（1）取一待测 PCB 板，查看是否有漏插零件、零件歪或零件不平贴 PCB 板等不良现象，将不良原因写于标签纸上并贴到不良 PCB 板上。然后将不良 PCB 板放于胶框中。若无不良现象则进行下一步操作。

（2）将 PCB 板排插朝向自己，并将 PCB 板放于测试架上，PCB 板的定位孔与测试架的定位孔要对应。然后压下手柄进行测试（压板时压板柱子不能顶到零件）。若测试合格，则蜂鸣器会长响 1s，且 D 通道灯亮起，若测试不合格，则蜂鸣器会短响两声，显示器上则显示错误代码，如图 3-2-4 所示。

图 3-2-4　错误代码

（3）若测试合格，则进行下一步操作。

（4）若测试不合格，看显示器上显示的错误代码，将代码写于标签纸上贴于 PCB 板上。然后将 PCB 板放于胶框中。

2. 注意事项

（1）PCB 板放在测试架上时朝向不要错。

（2）压板时不要用力过猛，压不下所顶住零件时不能用蛮力往下压。

（3）不良的 PCB 板必须在贴纸上写上错误代码并放于胶框中。

（4）作业时需要佩戴静电手环。

（五）HF 系列倒车雷达主板维修故障代码

HF 系列倒车雷达主板维修故障代码见表 3-2-1。

表 3-2-1　HF 系列倒车雷达主板维修故障代码

故障代码	故障原因	故障分析
T11	OUT：40kHz 输出不正常	单片机未工作，检查 5V 电源、TX1、C35、C24、78P153，检查输出通路、R25
T21	AB 信号不正常	检查 AB 信号通路，以及 U2
T31	5V/8V 电源不正常	检查 12V 输入通路、78L05/78L08，检查 5V/8V 网络有没有短路
T32	RST	复位信号故障
T33	4V，REF 运放参考电压不正常	检查 8V 电源、R61、R64、R60、C10，检查 REF 网络有没有短路
T34	a_ref，比较器参考电压不正常	检查 R62、R63
T35	IN，比较器输出信号不正常	检查 Comparator 相关电路
T41	LOD 阶梯波（HF4 无此信号）	
T51	灵敏度，运放输出信号不正常	检查 Q4、U3 及其外围电路，检查每一级输出的波形，与功能正常板的波形对比
T71	DI，数据输出信号不正常	检查 R72 以及 DATA 输出波形
T72	SPK，蜂鸣器输出信号不正常	检查 R32、R26、C2、Q5 以及 SPK 输出波形，在 0.5M ～ 1M 范围内测到物体时，SPK 有方波输出
T8X	40K 带通滤波器频偏	调整 R33、R49 参数

💬 任务实施

HF 系列倒车雷达主板专用测试架的使用工卡

按要求完成 HF 系列倒车雷达主板专用测试架的使用工卡，本任务采用"教、学、做一体"和实训教学的教学模式。通过任务的实施，使学生掌握电子产品质量检测的常用方法与技巧，掌握 HF 系列倒车雷达主板专用测试架的使用和注意事项，并能够独立完成倒车雷达主板的质量检测任务。培养学生严谨、细心、安全至上、节约环保的职业素养，以及良好的道德品质和团队合作能力。

🔊 思考题

1. 电子产品常用的故障检测方法有哪些？
2. 简述 HF 系列倒车雷达专用测试架使用注意事项。

任务三 电子产品的维修

任务描述

我们将电子产品丧失规定功能的现象称为故障。电子产品的故障类型很多，若按故障现象分类，如倒车雷达中的无信号故障、无电压故障、无声音故障等；若按已损坏的元器件分类，有电阻器故障、电容器故障、集成电路故障等；若按已损坏的电路分类，有电源故障、振荡电路故障等；若按维修级别分类，有板级故障、芯片级故障等。

任何电子产品都是在一定的环境中工作，环境不良将加速或造成电子产品发生故障。因此，熟悉环境对电子产品的影响，以做好电子产品的日常维护工作，对于延长电子产品寿命，减少电子产品故障，确保电子产品正常工作具有十分重要的作用。本任务主要是倒车雷达主板、整机的质量检测与维修，通过任务的实施，让学员能掌握电子产品维修的常用方法与技巧，并能够独立完成倒车雷达主板的常见故障维修任务。本任务采用"教、学、做一体"和实训教学模式。

任务要求

1．掌握电子产品维修的常用方法与技巧。

2．能够独立完成倒车雷达主板的常见故障维修任务。

3．能够独立完成其他小型电子产品的常见故障维修任务。

4．能够在技术人员指导下完成大型电子产品的质量检测与维修。

知识链接

HF 系列倒车雷达维修案例

（一）T11 故障代码维修

T11 故障主要是指信号源故障，主板 40kHz 信号不正常，T11 故障的维修如图 5-6 所示。其检测步骤如下：

（1）检测 E53 芯片有无连锡、虚焊。

（2）用示波器测试 E53 芯片第 3、4 脚是否有 5V 电压，如 3-3-1（a）所示；如果没有 5V 电压，则测 78L05 是否输出 5V 电压。

（3）若要检测晶振是否工作正常，则测试 E53 第 6 脚是否有正弦波信号，如 3-3-1（b）所示。首先，如果没有正弦波但有 2V 电压，则晶振坏；其次，如果没有 2V 电压，则 E53 芯片不良；再次，如果高于 2.5V 电压或晶振信号不正常，检查 C24、C35 有无虚焊、连锡、少料、错料等。

（4）测 E53 芯片 13 脚、3 排孔或 OUT 测试点有无 40kHz 输出，如 3-3-1（c）和（e）

所示，如果没有检查 3P 排插 Q36 排孔有无连锡。

（5）其他原因，则检查 C11、C13、R24、C35、C47、R25、R54、R63 有无连锡、虚焊、错料，如 3-3-1（f）所示。

（6）如果一切正常，则为测试点问题。

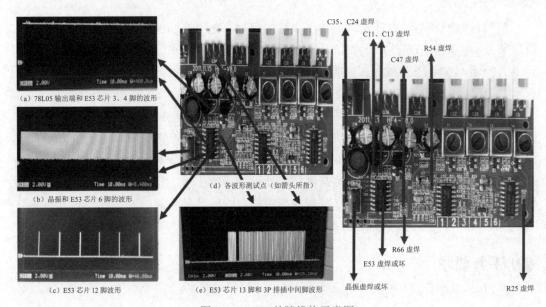

图 3-3-1　T11 故障维修示意图

（二）T31 故障代码维修

T31 故障主要是指主板 +5V、+8V 电源故障，T31 故障的维修如图 3-3-2 所示。其检测步骤如下：

（1）检查红色 2P 排插是否有 12V 电压输入，如图 3-3-2（a）所示。

（2）检查 M1 二极管是否有 12V 电压输出，如图 3-3-2（a）所示，如果没有，则二极管坏或虚焊。

（3）检查电感是否有 12V 电压输出，如图 3-3-2（a）所示，如果没有，则电感坏或虚焊。

（4）检查 78L05 是否有 5V 电压输出，如图 3-3-2（b）所示，如果没有，首先检测 78L05 有无连锡、虚焊、插反、错料、元器件坏；其次检查 5V 供电的 E53 芯片是否贴反。

（5）若 5V 电压正常，则检查 78L08 是否有 8V 电压输出，如图 3-3-2（d）所示，如果没有，首先检查 78L08 有无连锡、虚焊、元器件坏；其次检查 084、4052 芯片有无贴反（此时 78L08 输出为 0V 且元器件发烫）。

（6）其他原因，检查 C4、C11、C13 有无连锡、虚焊、错料，如图 3-3-2（e）所示。

（三）T33 故障代码维修

T33 故障主要是指 REF 无 4V 电压，084C 外围电路 8V 电压不正常，T33 故障的维修如图 3-3-3 所示。其检测步骤如下：

（1）检查 78L08 是否输出 8V 电压。

（2）检查 084C 有无连锡、虚焊或元器件坏。

（3）其他原因，检查 R50、R59、C27、R64、C3、C10、Q1、Q2、Q3、Q4、R21、中周坏有无连锡、虚焊、错料、元器件坏。

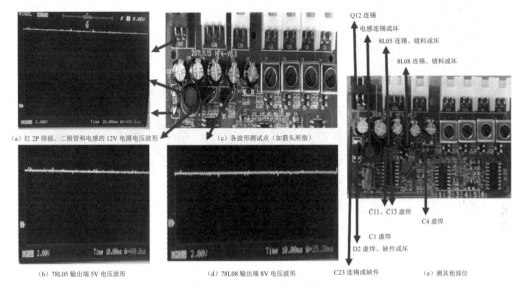

（a）红 2P 排插、二极管和电感的 12V 电源电压波形　　　（c）各波形测试点（如箭头所指）

（b）78L05 输出端 5V 电压波形　　　（d）78L08 输出端 8V 电压波形　　　（e）测其他部位

图 3-3-2　T31 故障维修示意图

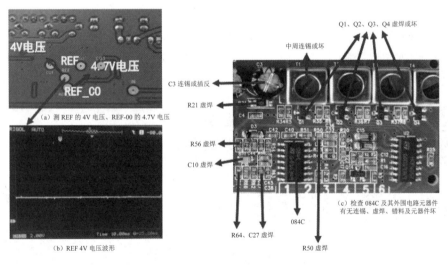

（a）测 REF 的 4V 电压、REF-00 的 4.7V 电压

（b）REF 4V 电压波形

（c）检查 084C 及其外围电路元器件有无连锡、虚焊、错料及元器件坏

图 3-3-3　T33 故障的维修示意图

（四）T35 故障代码维修

T35 故障主要是指 IN、084 外围信号不正常，T35 故障的维修如图 3-3-4 所示。其检测步骤如下：

（1）用示波器观察 IN 测试点的波形，IN 测试点正常波形如图 3-3-4（a）所示。

（2）用示波器观察 084 芯片 7 脚的波形，084 芯片 7 脚正常波形如图 3-3-4（b）所示。

（3）检查 4052 有无虚焊、连锡。

（4）其他原因，检查 C16、C17、C36、C37 有无连锡、虚焊、元器件坏，如图 3-3-4（e）所示。

（5）如果一切正常，则为测试点问题。

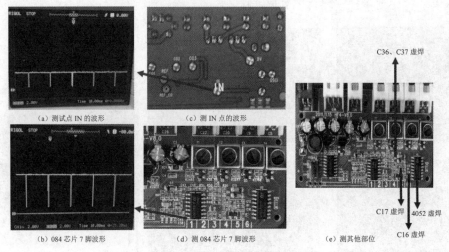

图 3-3-4　T35 故障的维修示意图

（五）T41 故障代码维修

T41 故障主要是指 084 芯片 7 脚没有阶梯波，T41 故障的维修如图 3-3-5 所示。其检测步骤如下：

（1）检查 REF、REF-CO、OUT 有无连锡，如图 3-3-5（c）所示。

（2）其他故障，检查 R63、R62、R51、D3、R59、C36、C37 有无连锡、虚焊、元器件坏，如图 3-3-5（d）所示。

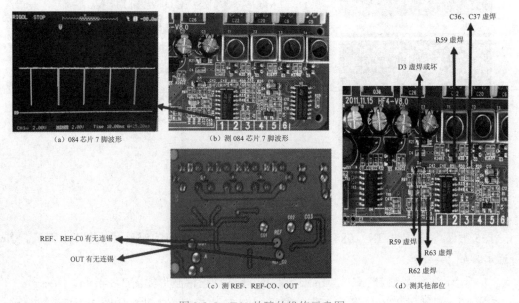

图 3-3-5　T41 故障的维修示意图

（六）T42 故障代码维修

T42 故障是指 REF、REF-C 故障，T42 故障的维修如图 3-3-6 所示。其检测步骤如下：

（1）检查 REF、REF-C 有无连锡。

（2）检查 D3 有无贴反。

（3）如果一切正常，则为测试点问题。

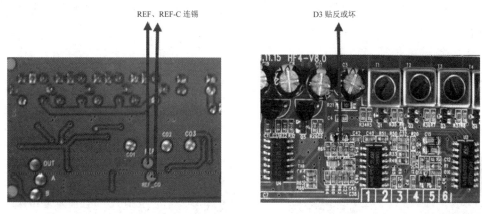

图 3-3-6　T42 故障的维修示意图

（七）T51 故障代码维修

T51 故障是指灵敏度问题，T51 故障的维修如图 3-3-7 所示。其检测步骤如下：

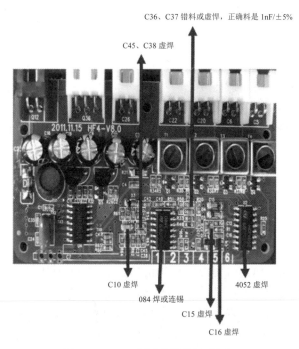

图 3-3-7　T51 故障的维修示意图

（1）检查 4052、084 有无连锡、虚焊。

（2）C36、C37 贴错料，正确料是 1nF/±5% 电容。

（3）其他原因，检查 C45、C38、C15、C16、C10 有无错料、虚焊。

（4）如果一切正常，则为测试点问题。

（八）T71 故障代码维修

T71 故障是指 40kHz 信号输出不正常，T71 故障的维修如图 3-3-8 所示。其检测步骤如下：

（1）检查 3P 排插 Q36 有无连锡。

（2）检查晶振下方 3 排孔有无连锡。

（3）其他原因，检查 R72 有无连锡。

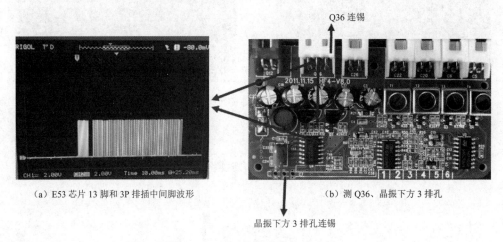

（a）E53 芯片 13 脚和 3P 排插中间脚波形 　　　（b）测 Q36、晶振下方 3 排孔

图 3-3-8　T71 故障的维修示意图

（九）T72 故障代码维修

T72 故障是指测试架输入输出信号不正常，T72 故障的维修如图 3-3-9 所示。其检测步骤如下：

（1）检查 084 芯片、4052 芯片及其周围元器件有无虚焊、连锡。

（2）检查 Q5、C2 有无虚焊、连锡。

（3）如果一切正常，则为测试点问题。

（十）通道故障的维修

通道故障是指 A/B/C/D 通道故障，通道故障的维修如图 3-3-10 所示。其检测步骤如下：

（1）检测 C22、C20、C6、C5 各排插输出口的波形是否正常。

（2）检测三极管 Q1 ～ Q4 的基极有无输出信号、集电极有无输入信号。

（3）其他原因，检查 R34/R5、R35/R6、R36/R7、R37/R8、T1 ～ T4、C44/R21 有无连锡、虚焊、错料、元器件坏。

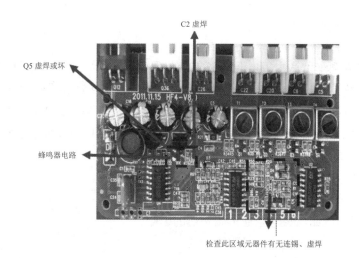

图 3-3-9　T72 故障的维修示意图

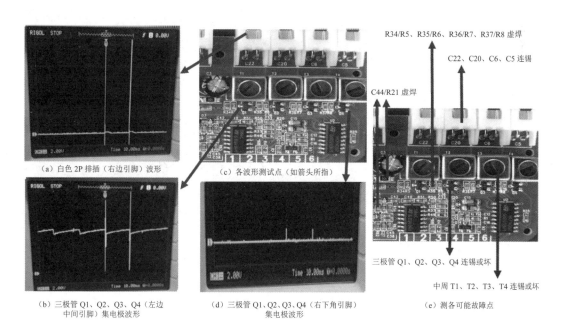

图 3-3-10　通道故障的维修示意图

任务实施

1. 倒车雷达主板信号源故障 T11 代码维修工卡

按要求完成倒车雷达主板信号源故障 T11 代码维修工卡，本任务采用"教、学、做一体"和实训的教学模式。通过任务的实施，使学生掌握电子产品维修的常用方法与技巧，并能够独立完成倒车雷达主板的常见故障维修任务，能够独立完成其他小型电子产品的常见故障维修任务。培养学生的质量意识、成本意识、风险意识和责任意识，以及良好

的道德品质和沟通协调能力。

2. 倒车雷达主板信号故障 T31 代码维修工卡

按要求完成倒车雷达主板电源故障 T31 代码维修工卡，本任务采用"教、学、做一体"和实训的教学模式。通过任务的实施，使学生掌握电子产品维修的常用方法与技巧，并能够独立完成倒车雷达主板的常见故障维修任务，能够独立完成其他小型电子产品的常见故障维修任务。培养学生的质量意识、成本意识、风险意识和责任意识，以及良好的道德品质和沟通协调能力。

思考题

1. 浅谈提高产品质量对企业形象塑造的影响。

2. 简述倒车雷达主板 T11 故障的维修方法。

3. 简述倒车雷达主板 T31 故障的维修方法。

项目 4

电子产品生产过程中的静电防护

 项目导读

静电就是静止不动的电荷，它一般存在于物体的表面，是正、负电荷在局部范围内失去平衡的结果。静电是通过电子或离子转移而形成的，静电可由物质的接触和分离、静电感应、介质极化和带电微粒的附着等物理过程而产生。在日常生活中，人们常常会碰到这种现象：晚上脱衣服睡觉时，黑暗中常听到噼啪的声响，而且伴有蓝光；早上起来梳头时，头发会经常"飘"起来，越理越乱；拉门把手、开水龙头时都会"触电"，时常发出"啪"的声响，这就是发生在人体的静电。

静电的产生在工业生产中是不可避免的，其造成的危害主要可归结为以下两种机理。一静电放电（ESD）造成的危害：首先，引起电子设备的故障或误动作，造成电磁干扰；其次，击穿集成电路和精密的电子元器件，或者促使元器件老化，降低生产成品率；再次，高压静电放电造成电击，危及人身安全；最后，在多易燃易爆品或粉尘、油雾的生产场所极易引起爆炸和火灾。二静电引力（ESA）造成的危害：首先，电子工业吸附灰尘，造成集成电路和半导体元器件的污染，大大降低成品率；其次，胶片和塑料工业使胶片或薄膜收卷不齐，胶片、CD塑盘沾染灰尘，影响品质等。

静电对电子产品的危害性有哪些？常用的消除静电的方法有哪些？电子产品生产过程中，我们如何进行静电防护？

 教学目标

★掌握静电对电子产品的危害性。

★掌握电子产品组装、调试和维修过程中静电防护的相关知识。

★能够初步掌握电子产品组装、调试和维修过程中消除静电的基本方法。

★能够掌握电子产品组装、调试和维修过程中静电防护的具体措施。

★培养学生的质量意识、风险意识和责任意识。

任务一　静电的产生与危害

◎ 任务描述

　　静电现象十分普遍，在日常工作、生产、生活和学习中静电的产生不可避免，正确认识静电的产生及其危害对利用和防护静电具有重要的意义。静电的产生是由物体的摩擦、接触、分离等机械作用而引起的，物体的静电，一部分被消灭，常称为静电的泄漏；另一部分被积累起来，电阻或固有电阻大的物体静电的积累多，当静电越积越多，静电电压就会很高，此时就会产生危害。

　　本任务为理论项目，以便读者能掌握静电是如何产生的，静电在电子产品组装过程中的危害性，并能够初步掌握电子产品组装、调试和维修过程中消除静电的基本方法。

◎ 任务要求

　　1. 掌握静电是如何产生的。

　　2. 掌握静电在电子产品组装过程中的危害性。

　　3. 能够初步掌握电子产品组装、调试和维修过程中消除静电的基本方法。

◎ 知识链接

一、静电的产生

（一）静电的概念

　　通俗地说，静电就是静止不动的电荷，它一般存在于物体的表面，是正、负电荷在局部范围内失去平衡的结果。静电是通过电子或离子转移而形成的，静电可由物质的接触和分离、静电感应、介质极化和带电微粒的附着等物理过程而产生。在日常生活中，人们常常会碰到这种现象：晚上脱衣服睡觉时，黑暗中常听到"噼啪"的声响，而且伴有蓝光；早上起来梳头时，头发会经常"飘"起来，越理越乱；拉门把手、开水龙头时都会"触电"，时常发出"啪"的声响，这就是发生在人体的静电。

（二）静电的产生

　　通常物体保持电中性状态，这是由于它所具有的正、负电荷量相等的缘故。如果两种不同材料的物件因直接接触或静电感应而导致相互间电荷的转移，使之存在过剩电荷，这样就产生了静电。带有静电电荷的物体之间或者它们与地之间有一定的电势差，称为静电势。

静电产生的方式有很多，如接触、摩擦、冲流、冷冻、电解、压电和温差等，但主要是两种形式，即摩擦产生静电和感应产生静电，如图 4-1-1 所示。前者是两种物体直接接触后形成的，通常发生于绝缘体与绝缘体之间或者绝缘体与导体之间；后者则发生于带电物体与导体之间，两种物体无须直接接触。

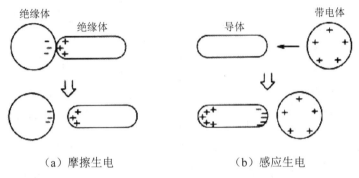

（a）摩擦生电　　　　　　　　（b）感应生电

图 4-1-1　静电产生的两种形式

1. 摩擦产生静电

当两种具有不同的电子化学势或费米能级的材料相互接触时，电子将从化学势高的材料向化学势低的材料转移。当接触后又快速分离时，总有一部分转移出来的电子来不及返回到它们原来所在的材料，从而使化学势低的材料因电子过剩而带负电，化学势高的材料因电子不足而带正电。对绝缘体而言，由于电子不易移动，过剩电荷将在接触表面附近累积。显然，这种方式产生的静电荷与相互接触的两个物体分离的速度有关。

实际上，只要两种不同的物体接触再分离就会有静电产生。但由于摩擦产生的热能为电子转移提供了足够的能量，因此使静电产生的作用大大增强。

当两种物体相互摩擦时，接触和分离几乎同时进行，是一个不断接触又不断分离的过程。分离速度快，接触面积大，使得摩擦所产生的静电荷比固定接触后再分离所产生的静电荷的数量要大得多。摩擦生电主要发生在绝缘体之间，因为绝缘体不能把所产生的电荷迅速分布到物体整个表面，或迅速传给它所接触的物体，所以能产生相当高的静电势。

表 4-1-1 是常见物体带电顺序表，从带正电依次排列到带负电，当其中任何两种物体摩擦时，可以按此表来判断它们带电的极性，还可以大致估计所带电荷的多寡程度。当排在前面的材料与排在后面的材料相互摩擦时，前者带正电，后者带负电。同种材料与不同材料相互摩擦时所带电荷的极性可能不同，如棉布与玻璃棍摩擦带负电，但与硅片摩擦时带正电。棉布与玻璃摩擦后所带电量大于它与尼龙摩擦所带电量。

摩擦产生静电的大小除了与摩擦物体本身的材料性质有关之外，还要受到许多因素的影响，如环境的湿度、摩擦的面积、分离速度、接触压力和表面洁净度等。

表 4-1-1 常见物体带电顺序表

序号	材料	序号	材料
	正电荷方向↑	8	棉布
1	空气	9	钢
2	人的手	10	木材
3	头发	11	硬橡皮
4	尼龙	12	黄铜、银
5	羊毛	13	聚乙烯
6	丝绸	14	聚氯乙烯（PVC）
7	铝	15	负电荷方向↓

2. 感应产生静电

如橡胶棒 X 原已带有负电荷，可称为施感电荷，若将导体 D 接近带电体 X，由于同种电荷相斥、异种电荷相吸，于是 X 上的负电荷在 D 中所建立的电场将自由电子推斥至 D 的远棒一边，并把等量的正电荷遗留在 D 的近棒一边，直至 D 中电场强度为零，静电感应原理如图 4-1-2 所示。如果有一条接地引线接触到导体 D，则会有若干电子流向大地。导体 D 因失去电子而带正电荷，这种电荷称为感生电荷。利用静电感应使金属导体带电的过程叫作感应起电。

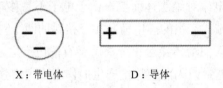

X：带电体   D：导体

图 4-1-2 静电感应原理图

静电感应产生的原因：放入电场中的导体，其中的自由电荷在电场力的作用下发生定向移动使导体两端分别出现等量异种电荷——感应电荷。故导体中的自由电荷受到电场力的作用而定向移动是产生静电感应的原因。利用静电感应现象可以使导体带电。

静电感应是物质（如金属，即导体）中电子流动的一种现象。金属物体内部的电子移向表面，使表面带有与接近它的带电物体相反极性的电荷，并有静电力学现象和放电现象发生。如果感应物体是电阻较小的良导体，容易发生静电放电现象从而造成危害。

3. 静电荷

静电的实质是存在剩余电荷。电荷是所有有关静电现象本质方面的物理量。电位、电场和电流等有关的量都是由于电荷的存在或电荷的移动而产生的物理量。科研院所、高等院校、检测站和工矿企业等部门经常需要测量物体的电荷量或电荷密度。表示静电电荷量的多少用电量 Q 表示，其单位是库仑（C），由于库仑的单位太大通常用微库或纳库。

$$1 \text{ 库仑 (C)} = 10^6 \text{ 微库 (μC)}$$
$$1 \text{ 微库 (μC)} = 10^3 \text{ 纳库 (nC)}$$

（三）影响静电产生和大小的因素

静电的产生及其大小与环境湿度和空气中的离子浓度有密切的关系。在高湿度环境中，由于物体表面吸附有一定数量杂质离子的水分子，形成弱导电的湿气薄层，提高了绝缘体的表面电导率，可将静电荷散逸到整个材料的表面，从而使静电势降低。所以，在相对湿度高的场合，如海洋性气候地区（如我国的东南沿海地区）或潮湿的梅雨季节，静电势较低。在相对湿度低的场合，如大陆性气候地区（如我国的北方地区）或干燥的冬季，静电势就高。与普通场所相比，在空气纯净的场所（如超净车间）内，因空气中的离子浓度低，所以静电更加容易产生。

电子生产中产生的静电势的典型值见表 4-1-2。从表 4-1-2 可以看到，同样的活动在不同的湿度下，产生的静电电压可以相差一个数量级以上。

表 4-1-2　电子生产中产生的静电势的典型值

活　动	相对湿度		
	10%	40%	50%
走过乙烯地毯	12000	5000	3000
在工作椅上操作人员的移动	6000	800	400
将 DIP 封闭的器件从塑料管中取出	2000	700	400
将印制电路板装入泡沫包装盒中	21000	11000	5500

（四）静电的来源

静电的来源是多方面的，如人体静电、塑料制品的摩擦产生静电、有关的仪器设备摩擦或感应产生静电、器件本身的静电以及其他静电来源等。以下对其中几种进行介绍。

1. 人体静电

人体是最重要的静电源，这主要有 3 个方面的原因：其一，人体接触面广，活动范围大，很容易与带有静电荷的物体接触或摩擦而带电，同时也有许多机会将人体自身所带的电荷转移到器件上或者通过器件放电；其二，人体与大地之间的电容低，约为 50 ～ 250pF，典型值为 150pF，故少量的人体静电荷即可导致很高的静电势；其三，人体的电阻较低，相当于良导体，如手到脚之间的电阻只有几百欧，手指产生的接触电阻为几千至几十千欧，故人体处于静电场中也容易感应起电，而且人体某一部分带电即可造成全身带电。

（1）人体静电与所着衣物和鞋帽的材料有关。化纤和塑料制品较之棉制品更容易产生静电。工作服和内衣摩擦时产生的静电是人体静电的主要起因之一，质地不同的工作服和内衣摩擦时人体所带的静电势见表 4-1-3。

表 4-1-3 质地不同的工作服和内衣摩擦时人体所带的静电势 单位：kV

工作服	内衣					
	棉纱	毛	丙烯	聚酯	尼龙	维尼龙 / 棉
纯棉（100%）	1.2	0.9	11.7	14.7	1.5	1.8
维尼龙 / 棉（55%/45%）	0.6	4.5	12.3	12.3	4.8	0.8
聚酯 / 人造纤维（65%/35%）	4.2	8.4	19.2	17.1	4.8	1.2
聚酯 / 棉（65%/35%）	14.1	15.3	12.3	7.5	14.7	13.8

（2）人体静电与个体的体质有关。这主要表现在人体等效电容与等效电阻上，人体电容越小，则因摩擦而带电越容易，带电电压越高；人体电阻越小，则因感应带电越容易。人体电容与所穿戴的衣服和鞋的材料以及周围所接触的环境（特别是地板）有关，人体电阻则与皮肤表面水分、盐和油脂的含量以及皮肤接触面积和压力等因素有关。由于人体电容的 60% 是脚底对地电容，而电容量正比于人体与地之间的接触面积，所以单脚站立的人体静电势远大于双脚站立的人体静电势。

2. 仪器和设备的静电

仪器和设备也会由于摩擦或静电感应而带上静电。如传输带在传动过程中由于与转轴的接触和分离产生的静电，或是接地不良的仪器金属外壳在电场中感应产生静电等。仪器设备带电后，与元器件接触也会产生静电放电，并造成静电损伤。

3. 器件本身的静电

电子元器件的外壳（主要指陶瓷、玻璃和塑料封装管壳）与绝缘材料相互摩擦，也会产生静电。元器件外壳产生静电后，会通过某一接地的引脚或外接引线释放静电，也会对器件造成静电损伤。

4. 其他静电来源

除上述 3 种静电来源外，在电子元器件的制造、安装、传递、运输、试验、储存、测量和调试等过程中，会遇到各种各样的由绝缘材料制成的物品，见表 4-1-4。这些物品相互摩擦或与人体摩擦都会产生很高的静电势。

表 4-1-4 电子元器件操作环境的其他静电源

物体	材料
工作桌 / 椅	油漆或打蜡的表面、有机和玻璃纤维材料
地板	水泥地板、油漆或打蜡的木地板、塑料地砖或地板革
工作服	化纤工作服、非导电工作鞋、清洁棉质工作服
包装容器	塑料包装袋、盒、瓶、箱、盘、泡沫塑料衬底
器皿	喷雾清洗器、塑料或橡胶传送导轨、塑料吸入锡器、毛刷、未接地的烙铁

二、静电的放电模式

静电对电子产品的损害有多种形式，其中最常见、危害最大的是静电放电（ESD）。

当带静电的物体与元器件有电接触时，静电会转移到元器件上或通过元器件放电；或者元器件本身带电，通过其他物体放电。这两种过程都可能损伤元器件，损伤的程度与静电放电的模式有关。实际过程中静电的来源有很多，放电的形式也有多种。但对静电的主要来源以及实际发生的静电放电过程的研究认为，对元器件造成损伤的主要是 3 种模式，即带电人体的静电放电模式、带电机器的放电模式和充电器件的放电模式。人体放电和充电器件放电的实例图分别如图 4-1-3 和图 4-1-4 所示。

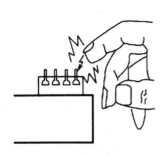

图 4-1-3　人体放电实例图

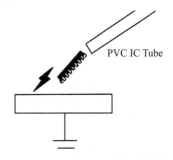

图 4-1-4　充电器件放电实例图

（一）带电人体的放电模式

由于人体会与各种物体发生接触和摩擦，又与元器件接触，因此人体易带静电，也容易对元器件造成静电损伤。普遍认为大部分元器件静电损伤是由人体静电造成的。带静电的人体可以等效为图 4-1-5 所示的等效电路，这个等效电路又称人体静电放电模型。其中，V_p 为带静电的人体与地的电位差，C_p 为带静电的人体与地之间的电容量，一般为 50 ～ 250pF；R_p 为人体与被放电体之间的电阻值，一般为 10^2 ～ $10^5\Omega$。

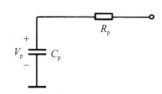

图 4-1-5　带电人体的静电放电模型

人体与被放电体之间的放电有两种：接触放电和电弧放电。当接触放电时人体与被放电体之间的电阻值是个恒定值。电弧放电是在人体与被放电体之间有一定距离时，它们之间空间的电场强度大于其介质（如空气）的介电强度，介质电离产生电弧放电，暗场中可见弧光。电弧放电的特点是在放电的初始阶段，因为空气是不良导体，放电通道的阻抗较高，放电电流较小；随着放电的进行，通道温度升高，引起局部电离，通道阻抗逐渐降低，电流增大，直至达到一个峰值；然后，随着人体静电能量的释放，电流逐渐减少，直至电弧消失。

（二）带电机器的放电模式

机器因为摩擦或感应也会带电。带电机器通过电子元器件放电也会造成损伤。机器放电的模型如图 4-1-6 所示。与人体模式相比，机器没有电阻，电容则相对要大。

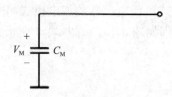

图 4-1-6　带电机器的静电放电模型

（三）充电器件的放电模型

在元器件装配、传递、试验、测试、运输和储存的过程中，由于壳体与其他材料摩擦，壳体会带静电。一旦元器件引脚接地，壳体将通过芯体和引脚对地放电。这种形式的放电可用所谓带电器件模型（Charged-Device Model，CDM）来描述。下面以双极型和 MOS 型半导体器件为例给出静电放电的等效电路。

双极型器件的 CDM 等效电路如图 4-1-7（a）所示，C_d 为器件与周围物体及地之间的电容，L_d 为器件导电网络的等效电感，R_d 为芯片上放电电流通路的等效电阻。串联着的 R_d、C_d 和 L_d 等效于带电器件。开关 S 合上表示器件与地的放电接触，接触电阻为 R_c。

MOS 型器件的 CDM 等效电路如图 4-1-7（b）所示。由于 MOS 型器件各个引脚的放电时间长短相差很大，因此要用不同的放电通路来模拟，每条放电通路都用其等效电容、电阻和电感来表示。当开关 S 闭合而且有任一个引脚接地时，各通路存储的电荷将要放电。若在放电过程中，各个通路的放电特性不同，就会引起相互间的电势差。这一电势差也会造成器件的损坏，如栅介质击穿等。

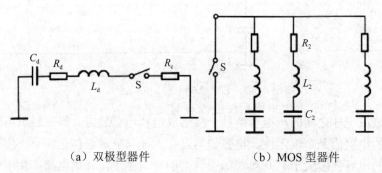

（a）双极型器件　　　　（b）MOS 型器件

图 4-1-7　带电器件的静电放电模型

器件放电等效电容 C 的大小和器件与周围物体之间的位置及取向有关。双列直插封装器件在不同取向时有不同的等效电容值，可见管壳的取向不同，电容可相差十几倍，因而其静电放电阈值可以有显著差别。

三、静电对电子产品的危害

静电对电子产品的损害有静电吸附、静电击穿和静电放电 3 种形式。

（一）静电的损害形式

电子工业中，摩擦起电和人体带电常有发生，电子产品在生产、包装运输及装联成整机的加工、调试、检测的过程中，难免受到外界或自身的接触摩擦而形成很高的表面电位。当操作者不采取静电防护措施时，人体静电电位可高达 1.5 ～ 3kV，因此非常容易对静电敏感电子器件造成损坏。根据静电的力学和放电效应，其静电损坏大体上分为两类，这就是由静电引起的浮尘埃的吸附以及由静电放电引起的敏感元器件的击穿。

（1）静电吸附。在半导体和半导体器件制造过程中广泛采用 SiO_2，及高分子物质的材料，由于它们的高绝缘性，在生产过程中易积聚很高的静电，并易吸附空气中的带电微粒，导致半导体介质击穿、失效。为了防止危害，半导体器件的制造必须在洁净室内进行。同时洁净室的墙壁、天花板、地板和操作人员及一切工具、器具均应采取防静电措施。

（2）静电击穿。超大规模集成电路集成度高、输入阻抗高，特别是金属氧化物半导体（MOS）器件，受静电的损害越来越明显。静电放电对静电敏感器件的损害主要有硬击穿和软击穿两种情况。硬击穿会造成整个器件的失效和损坏，软击穿则造成器件的局部损伤，降低了器件的技术性能，表面留下不易被人们发现的隐患以致设备不能正常工作。

（3）静电放电。静电放电产生的电磁场幅度特别大，约几百伏/米，频谱极宽，对电子元器件造成电磁干扰直至损坏。既可能是永久性的，也可能是暂时性的；既可能是突发失效，也可能是潜在失效。其中静电放电（ESD）事件是造成电子元器件损伤最常见和最主要原因。

（二）静电损害的特点

相对于其他方式的损害，静电对电子产品损害存在以下一些特点。

1. 隐蔽性

人体不能直接感知静电，除非发生静电放电，但是发生静电放电人体也不一定能有电击的感觉，这是因为人体感知的静电放电电压为 2 ～ 3kV，所以静电具有隐蔽性。

2. 潜在性和累积性

有些电子元器件受到静电损伤后性能没有明显下降，但多次累加放电会给器件造成内伤而形成隐患。因此静电对器件的损伤具有潜在性。

3. 随机性

电子元器件在什么情况下会遭受静电破坏呢？可以这么说，从一个元器件产生以后，一直到它损坏以前，所有的过程都受到静电的威胁，而这些静电的产生具有随机性，其损坏也具有随机性。

4. 复杂性

静电放电损伤的失效分析工作，因电子产品的精、细、微小的结构特点而费时、费事、费钱，要求较高的技术并往往需要使用扫描电子显微镜等高精密仪器。即使如此，有些静电损伤现象也难以与其他原因造成的损伤加以区别，使人误把静电损伤失效当成其他失效。这在对静电放电损害未充分认识之前，常常归因于早期失效或情况不明的失效，从而不自觉地掩盖了失效的真正原因。所以静电对电子器件损伤的分析具有复杂性。

思考题

1. 什么是静电？静电放电对元器件有什么影响？
2. 静电的危害通常表现在哪些方面？
3. 静电对电子产品的损害通常有哪几种？
4. 小明在加油站看到一条醒目的标语"严禁用熟料桶装运汽油！"，请你说出这种规定的道理。
5. 为什么要避免静电对人体的伤害？如何避免？
6. 静电对电子产品的损害有哪些特点？
7. 静电的产生方式有哪些？

任务二 静电的防护

任务描述

静电的防护是指防止静电积累所引起的人身电击、火灾和爆炸、电子器件失效和损坏，以及对生产的不良影响而采取的防范措施。其防范原则主要是抑制静电的产生，加速静电的泄漏，进行静电中和等。在生产过程中的挤压、切割、搬运、搅拌和过滤以及生活中的行走、起立、脱衣服等，都会产生静电。可见，静电在我们的日常生活中可以说是无处不在，我们的身上和周围就带有很高的静电电压，几千伏甚至几万伏。这些静电也许对人体影响不大，但对于一些ESDS（静电敏感元件），却直接可以使其失去本身应有的正常性能，甚至完全丧失正常功能。这样ESD防护就非常必要了。

本任务为理论项目，以便读者能掌握电子产品组装过程中静电防护的相关知识，ESD（静电放电）的概念、标准和方法，并能够初步掌握电子产品组装、调试和维修过程中消除静电的基本方法，能够掌握电子产品组装过程中静电防护的具体措施。

任务要求

1. 掌握电子产品组装过程中静电防护的相关知识。
2. 掌握ESD（静电放电）的概念、标准和方法。
3. 能够初步掌握电子产品组装、调试和维修过程中消除静电的基本方法。
4. 能够掌握电子产品组装过程中静电防护的具体措施。

知识链接

那什么是静电放电（Electrostatic Discharge，ESD）呢？处于不同静电电位的两个物体的静电电荷的转移就是静电放电。这种转移的方式有多种，如接触放电和空气放电。一般来说，静电只有在发生静电放电时，才会对元器件造成伤害和损伤。如人体带电时接触金属物体或与他人握手时才会有电击的感觉。

对电子元器件来说，静电放电（ESD）是广义的过电应力的一种。那么什么是过电应力呢？其中的 ESD 又有什么特点？

广义的过电应力（Electrical Over Stress，EOS）是指元器件承受的电流或电压应力超过其允许的最大范围。表 4-2-1 是 3 种过电应力现象的特点比较。

表 4-2-1　3 种过电应力现象的特点比较

闪电（Lightning）	过压（EOS）	静电放电（ESD）
极端的高压 极大的能量	低电压（16V） 持续时间较长 较低的能量	高电压（4kV） 持续时间短（几百纳秒） 很低的能量 快速的上升时间

从表 4-2-1 可以看到，静电放电现象是过电应力的一种，但与通常所说的过电应力相比有其自身的特点：首先，其电压较高，至少都有几百伏，典型值在几千伏，最高可达上万伏；其次，持续时间短，多数只有几百纳秒；再次，相对于通常所说的 EOS，其释放的能量较低，典型值在几十到几百微焦耳；最后，ESD 电流的上升时间很短，如常见的人体放电，其电流上升时间短于 10ns。

一、静电防护的目的和原则

静电防护的根本目的是在电子元器件、组件、设备的制造和使用过程中，通过各种防护手段，防止因静电的力学和放电效应而产生或可能产生的危害，或将这些危害限制在最低程度，以确保元器件、组件和设备的设计性能及使用性能不因静电作用受到损害。

电子工业中静电危害的主要形式是静电放电引起的元器件的突变失效和潜在失效，并进而造成整机性能的下降或失效。所以，静电防护和控制的主要目的应是控制静电放电，即防止静电放电的发生或将静电放电的能量降至所有敏感器件的损伤阈值之下。

从原则上说，静电防护应从控制静电的产生和控制静电的消散两方面进行，控制静电产生主要是控制工艺过程和工艺过程中材料的选择；控制静电的消散则主要是快速而安全地将静电泄放和中和。两者共同作用的结果就有可能使静电电平不超过安全限度，达到静电防护的目的。

二、静电防护的基本原理和途径

1. 基本原理

静电放电会对器件造成损害，但通过采取正确和适当的静电防护和控制措施，建立静电防护系统，就可以消除或控制静电放电的发生，使其对元器件的损害降至最小。对静电敏感器件进行静电防护和控制的基本原理有以下两条：

（1）对可能产生接地的地方要防止静电的聚集，采取一定的措施，避免或减少静电放电的产生，或采取"边产生边泄漏"的方法达到消除电荷积聚的目的，将静电荷控制在不致引起产生危害的程度。

（2）对已存在的电荷积聚，采用静电放电的相应措施，迅速可靠地消除掉。

2. 基本途径

在生产过程中，静电防护的核心是"静电消除"。为此可建立一个静电完全工作区，即通过使用各种防静电制品和器材，采用各种防静电措施，使区域内可能产生的静电电压保持在对最敏感器件安全的阈值下。其基本途径如下：

（1）工艺控制法。工艺控制法旨在使生产过程中尽量少产生静电荷。为此应从工艺流程、材料选择、设备安装和操作管理等方面采取措施，控制静电的产生和积聚，抑制静电电位和静电放电的能力，使之不超过危害的程度。

（2）泄漏法。泄漏法旨在使静电通过泄漏达到消除的目的。通常采用静电接地使电荷向大地泄漏，也有采用增大物体导电的方法使接地沿物体表面或通过内部泄漏，如添加静电剂或增湿。最常见的是工作人员带的防静电腕带和静电接地柱。

（3）静电屏蔽法。根据静电屏蔽的原理，可分为内场屏蔽和外场屏蔽两种。具体措施是用接地的屏蔽罩把带电体与其他物体隔离开，这样带电体的电场将不会影响周围其他物体（内场屏蔽）；有时也用屏蔽罩把被隔离的物体包围起来，使其免受外界电场的影响（外场屏蔽）。如 GaAs 器件包装多采用金属盒或金属膜。

（4）中和法。中和法旨在使静电荷通过静电中和的办法，达到消除的目的。通常利用接地消除器产生带有异号电荷的离子与带电体上的电荷复合，达到中和的目的。一般来说，当带电体是绝缘体时，由于电荷在绝缘体上不能流动，因此不能采用接地的办法泄漏电荷，这时就必须采用静电消除器产生异号离子去中和。如对生产线传送带上产生的静电荷就采用这种方法进行消除。

（5）洁净措施。洁净措施旨在避免尖端放电的现象。为此，应该尽可能使带电体及周围物体的表面保持光滑和洁净，以便减少尖端放电的可能性。

三、静电防护的方法

1. 日常生活中静电防护

在日常生活中静电防护，我们可以采取"防"和"放"两手抓。"防"我们应该尽量选用纯棉制品作为衣物和家居饰物的面料，尽量避免使用化纤地毯和以塑料为表面材料的家具，以防止摩擦起电。尽可能远离诸如电视机、电冰箱之类的电器，以防止感应起电。"放"就是要增加湿度，使局部的静电容易释放。具体措施如下：

（1）当你关上电视，离开计算机以后，应该马上洗手洗脸，让皮肤表面上的静电荷在水中释放掉。在冬天，要尽量选用高保湿的化妆品，经常使用加湿器。

（2）出门前去洗个手，或者先把手放墙上抹一下去除静电，还有尽量不穿化纤的衣服。

（3）为避免静电击打，可用小金属器件（如钥匙）、棉抹布等先触碰大门、门把、水龙头、椅背、床栏等消除静电，再用手触及。

（4）准备下车的时候，用右手握住挡，然后用手指碰着下面铁的部位，然后开车门，把左手放在车门有铁的位置，但是左手别松，然后把右手放掉，下车，这时候再用右手抓着门就不会被电到了。

（5）在房屋内，地毯与鞋底摩擦后可能产生静电，在屋外也可能由于刮风导致身上带电。这时进出要碰铁门时小心，手可能挨电打。反复遇到这样的情况后，可采取如下办法避免电击：在碰铁门时，不要直接用手直接接触铁门，而是用手先大面积抓紧一串钥匙，然后，用一个钥匙的尖端去接触铁门，这样，身上的电就会被放掉，而且不会遭电击。

原理：手上放电的疼痛是由于高压放电，由于放电时手与铁门突然接触时是极小面积的接触，因而产生瞬间高压。如果拿出来口袋里的钥匙，先大面积握住钥匙（一串钥匙本身不能传走多少电荷，因而这时也不会有电击），再用一把钥匙的尖端去接触大的导体，这时，放电的接触点就不是手皮肤上的某个点，而是钥匙尖端，因此手不会感到疼痛。

2. 电子产品生产中静电防护

电子产品生产中静电危害的主要形式是静电放电引起的元器件的突变失效和潜在失效，并进而造成整机性能的下降或失效。但是通过采取正确和适当的静电防护和控制措施，建立静电防护系统，就可以消除或控制静电放电的发生，使其对元器件的损害降至最小。因此静电不可怕，只要电子产品生产环境和工作人员做好各方面的静电防护措施就能完全控制静电。电子产品生产中常用的静电防护措施如下：

（1）接地。接地对于减少在导体上产生的静电荷是非常重要的，人体是导体，并且是静电源产生地。因此，我们必须减少在接触敏感防静电元器件或组件的人身上产生的静电荷。人体产生的静电最好是通过人体接地，且要确保接地良好有效。在生产中，手腕带是最常用的接地装置，手腕带将安全且有效地泄掉人身体上的静电荷。

（2）隔离。隔离是在储存或运输过程中隔离元器件和组件。在储存或运输过程中，绝缘体可有效地阻止静电释放损伤发生。虽然接地不能泄掉绝缘体的静电荷，但是可以用绝缘体来隔离静电敏感元器件和组件。

（3）中和。由于接地和隔离将不能从绝缘体诸如人工合成的布或常规塑胶当中释放电荷，因此中和就显得重要了。从绝缘体中和或移走在制作过程中自然产生的电荷，称为电离。离子是存在于空气中的简单带电物质，我们可以通过离子发生器人为产生上万亿的离子，离子发生器使用高电压产生一个平衡的混合带电离子，并且用风扇帮助离子漂移到物体上或区域里中和。离子可以在 5s 内中和绝缘体上的静电荷，因此可以减少它们引起的伤害。通过离子中合不是接地或隔离的替代品，离子中和仅减少静电释放事故发生的可能性或风险。

四、常用的静电防护器材

静电防护器材主要分为两大类：防静电制品和静电消除器。防静电制品是由防静电材料制成的物品，主要作用是防止或减少静电的产生，将产生的静电泄放掉；而静电消除器用来中和那些在绝缘材料上积累的、无法用泄放方法消除的静电电荷。防静电材料制品的种类相当繁多，但主要可以归为以下几类。

1. 防静电服装和腕带

防静电服装和腕带是消除人体防静电系统的重要组成部分，可以消除或控制人体静电的产生，从而减少制造过程中最主要的静电来源。

（1）防静电服简介。防静电服装用不同色的防静电布制成。布料纱线含一定比例的导电纱，导电纱又是由一定比例的不锈钢纤维或其他导电纤维与普通纤维混纺而成的。通过导电纤维的电晕放电和泄漏作用消除服装上的静电。由于不锈钢纤维属于金属类纤维，因此，由它织成的防静电布料的导电性能稳定，不随服装的洗涤次数而变化。

（2）防静电服的着装要求。

1）进入生产车间需穿好防静电服，带好防静电手环。

2）穿防静电服时，学员应穿着棉质的衣物，不得穿绝缘或带金属的衣物。

3）防静电服的纽扣扣好，拉链全部拉上，工帽带整齐，不得漏出头发。防静电着装规范标准如图 4-2-1 所示。

男生　　　　女生

图 4-2-1　防静电服着装规范标准

4）防静电鞋的拉链全部拉上，并系好鞋带，不得穿拖鞋进入车间。

5）女生需扎好头发，不得佩戴任何金属物品。

（3）防静电腕带简介。防静电腕带是操作人员在接触电子元器件时最重要的静电防护用品，通过接地通路，可以将人体所带的静电荷安全地泄放掉。它由防静电松紧带、活动按扣、弹簧软线、保护电阻及插头或夹头组成。松紧带的内层用防静电纱线编织，外层用普通纱线编织。防静电腕带实物如图 4-2-2 所示。

（4）防静电腕带正确佩戴要求。

1）将双手清洁干净，并使之保持干燥，这样在接触电子元器件的时候会减少静电的产生，进而减少元器件的损伤。

2）将防静电腕带佩戴在手腕上，并将静电腕带内测的金属片与皮肤紧密接触。注意，这里说的是将金属片要与皮肤紧密接触，不能佩戴在衣服上。防静电腕带正确佩戴图如图 4-2-3 所示。

图 4-2-2 防静电腕带实物

图 4-2-3 防静电腕带正确佩戴图

3）将防静电腕带的金属夹头夹在接地线的裸铜处，这样可以很好地将静电导出。

2. 防静电包装和运输制品

防静电包装制品非常多，如防静电屏蔽袋、防静电包装袋、防静电海绵、防静电 IC 包、防静电元件盒（箱）、防静电气泡膜和防静电运输车等。这些包装制品除静电屏蔽用静电导体外，多数是用静电耗散材料制成的，也有些是用抗静电材料制作的。目的都是对装入的电路或器件及印刷电路起静电保护作用。图 4-2-4 是一些常用的静电包装制品。

（a）防静电袋

（b）防静电盒

图 4-2-4 一些常用的静电包装制品

3. 防静电地坪和台垫

防静电地坪和台垫也是静电防护工程中不可或缺的。防静电地坪也有多种，按时效性分，有永久性的和临时性的；按材料分有导电橡胶、PVC 和导电陶瓷等；按铺设方式分，有地面直接铺设的和架空的活动地板。可根据实际需要和成本决定。如需要在地面走多种电缆、管道的环境，如计算机房，选择架空铺设的活动地板比较好。图 4-2-5 是一些防静电地板。

防静电台垫主要是防静电复合胶板，主要用于铺垫桌面、流水线工作台面、货架及制作地垫等。材料面层为草绿色，导电物质是抗静电剂；底层为黑色，导电物质是碳黑。图 4-2-6 是一些防静电台垫。

图 4-2-5　防静电地板

图 4-2-6　防静电台垫

除上述三大类制品外，还有其他一些防静电制品，如防静电电烙铁、防静电坐椅、椅套和防静电维修包等，其中防静电电烙铁在后工序和维修中很常用。一般的电烙铁在焊静电敏感元器件时需要拔掉电源，而防静电电烙铁采用直流稳压电源，发热元器件多选用具有恒温属性、静电电容小的材料，可极大地降低各种干扰杂信号。另外，电烙铁还可为静电接地途径，可进一步消除烙铁头上的各种信号。所以，焊接时无须拔掉电源头。

4. 静电消除器

静电消除器是防静电材料制品外的又一大类防静电器材，其主要原理是利用高压电场或放射性射线的作用使空气局部电离，造成大量离子和电子对，其中与带电体极性相反的离子（或电子）向带电体趋近并与之发生中和作用，达到消除静电的目的。

静电消除器的主要类型有离子风机、离子风枪、感应式静电消除器、高压静电消除器。离子风机实物如图 4-2-7 所示。

图 4-2-7　离子风机实物

五、防静电标志

防静电标志也称防静电标识。防静电标志（标识）是防静电控制体系中不可缺少的一环，这些标志（标识）鲜明又形象地指示出与静电有关的产品、区域或包装等，提示工作人员时刻不忘静电的危害性，做好防范工作。防静电标志可粘贴在车间所用的器材、产品的外包装、设备外壳或需防静电的场所中。

防静电标志规范的目的是贯彻静电放电控制规范，制订统一的防静电警示标签规格，规范其使用与管理，防止因标识不清而发生不符合静电安全的操作。防静电标志适用于防静电区域和防静电设施、器材等防静电物品，以及静电敏感器件及组件等有关防静电的设备及场所。防静电标志实物如图 4-2-8 所示。

图 4-2-8　防静电标志实物

思考题

1. 静电的防护措施有哪些？
2. 静电防护的基本原理和途径有哪些？
3. 简述防静电服的着装规范标准。
4. 一个完整的静电防护工作应具备哪些要素？
5. 人体的 ESD 防护措施有哪些？

随手笔记

《电子产品生产与检测》实操工卡

工卡标题		双路报警器元器件的识别与检测			
课程	电子产品生产与检测	工作区域		检测线	
版本	V2.1	课时		2	
组别		组员			
编写/修订		审核		批准	
日期		日期		日期	
工作情境描述	按要求完成双路报警器元器件的识别与检测，电路如图1-1-1所示，所需元器件采用套件下发，教学过程采用"教、学、做一体"的模式；能熟练掌握电子元器件的性能、特点、主要参数和标注方法；掌握电子元器件功能好坏的判断；按时完成双路报警器元器件的识别与检测工卡任务，提高实际操作能力。				
工作目标	1. 能够列出双路报警器元器件清单表。 2. 掌握电阻、电感、电容、二极管、三极管和常用集成电路的识别与检测方法。 3. 能够清点和检查全套装配元件的数量和质量，进行元器件的识别与检测，筛选所需元件。				
思政目标	1. 通过元器件的识别，培养学生做事高效、严谨、专注的理念。 2. 通过元器件的检测，让学生明白"小元件，大节约"，养成节约习惯。				

1. 获取资讯

引导问题1：如何用万用表判断电解电容的好坏？

_____

_____

引导问题2：简述二极管的单向导电性和极性判别方法？

二极管的单向导电性：_____

_____

二极管极性判别方法：_____

引导问题3：简述三极管的引脚判别方法？

_____

_____

_____

_____

引导问题4：

1. 一色环电阻颜色为"红黑黑橙棕"，其阻值为 _____。

2. 电阻 $47k\Omega \pm 1\%$ 的色环为 _____。

《电子产品生产与检测》实操工卡

3．一瓷片电容的标示为 202，表示其容量为 _____uF。

4．电容具有通 _____ 流，阻 _____ 流的电气特性。

5．二极管按材料分类，可分为 _____ 管和 _____ 管。

6．三极管按材质分为 _____ 和 _____ 两种，按结构分为 _____ 型和 _____ 型两种。三极管的图形符号为 _____。三极管有三根引脚，基极用 B 表示、_____ 用 C 表示和 _____ 用 E 表示。

小提示

集成电路引脚顺序识别

集成电路的引脚顺序是有一定规律的，在识别引脚的时候可以找芯片表面的豁口、圆点或者横杠。对于双列引脚的芯片，一般是用豁口、圆点、横杠来标识方向识别点。通常将芯片正向放置，左上为第一引脚，右上为最后一个引脚，编号在逆时针方向增大。

小提示

在实践中发现，有些色环电阻的排列顺序不甚分明，往往容易读错，在识别时，可运用如下技巧加以判断：

技巧 1：先找标志误差的色环，从而排定色环顺序。最常用的表示电阻误差的颜色是金、银、棕，尤其是金环和银环，一般绝少用作电阻色环的第一环，所以在电阻上只要有金环和银环，就可以基本认定这是色环电阻的最末一环。

技巧 2：判断棕色环是否为误差环。棕色环既常用作误差环，又常用作有效数值环，且常常在第一道环和最末一道环中同时出现，使人很难识别谁是第一道环。在实践中，可以按照色环之间的间隔加以判别：比如对于一个五道色环的电阻而言，第五道环和第四道环之间的间隔比第一道环和第二道环之间的间隔要宽一些，据此可判定色环的排列顺序。

技巧 3：在仅靠色环间距还无法判定色环顺序的情况下，还可以利用电阻的生产序列值来加以判别。比如有一个电阻的色环读序是棕、黑、黑、黄、棕，其值为 $100×104Ω=1MΩ$，误差为 1%，属于正常的电阻系列值，若是反顺序读，则为棕、黄、黑、黑、棕，其值为 $140×10^0Ω=140Ω$，误差为 1%。显然按照后一种排序所读出的电阻值在电阻的生产系列中是没有的，故后一种色环顺序是不对的。

中国天眼之父——南仁东

中国射电望远镜"天眼"，从提出设想到选址、攻克难关都矢志不移、勇往直前，最终实现三项自主创新：一是利用贵州天然的喀斯特洼坑作为台址；二是在洼坑内铺设数千块单元组成 500 米口径球冠状主动反射面；三是采用轻型索拖动机构和并联机器人，实现望远镜接收机的高精度定位。"中国天眼"之父南仁东，曾说过"感官安宁，万籁无声，美丽的宇宙太空以它的神秘和绚丽，召唤我们踏过平庸，进入它无垠的广袤"，这让我们看到了一位科学家的追求。斯人已去，但留下的功业不会飘散，精神光泽不会暗淡。

作为一名新时代的大学生，在平时的学习工作中一定要牢固树立"敬业、精益、专注、创新"的大国工匠精神，脚踏实地，充分利用自己所学的专业知识，为实现中华民族的伟大复兴，贡献自己的一份力量。

《电子产品生产与检测》实操工卡

2. 列工具、设备、材料清单

根据图 1-1-1 双路报警器原理图，清点和检查全套装配元件的数量和质量，进行元器件的识别与检测，筛选所需元器件，并在表 1-1-1 写出所需工具、设备、材料清单。

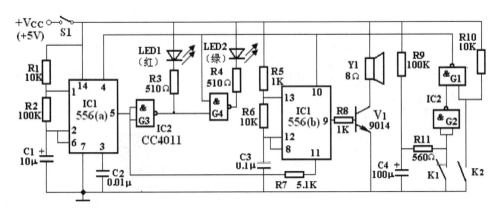

图 1-1-1 双路报警器原理图

表 1-1-1 双路报警器所需工具、设备、材料清单

类别	名称	规格型号	单位	数量	备注
设备					
设备					
材料					
材料					
材料					
材料					
材料					
材料					
材料					
材料					
材料					
材料					
材料					
工具					

《电子产品生产与检测》实操工卡

班级	工作卡号	THT-01	共6页 第4页

3. 工作任务		

1）按所需元件的120%配置，请准确清点和检查全套装配元件的数量和质量，进行元器件的识别与检测，筛选所需元器件。

2）掌握电阻、电容、电感、二极管、三极管、集成电路的质量检测方法与步骤。

4. 工作准备	工作者	检查者
1）清点和检查双路报警器套件的数量，元器件引脚是否损坏。		
2）检查万用表的好坏，能否进行欧姆调零。		

5. 工作步骤	工作者	检查者
1）清点和检查双路报警器套件的数量，元器件引脚是否损坏，如缺元器件、元器件引脚损坏等，请及时找指导老师更换。		

2）色环电阻的识别与检测。准确清点色环电阻的数量，进行电阻的识别与检测，筛选所需的电阻并填写表 1-1-2。

指针万用表的简介

表 1-1-2　色环电阻的识别与检测表

元器件	色环颜色	标称阻值	万用表测量值	判断电阻的好 / 坏
色环电阻				
色环电阻				
色环电阻				
色环电阻				
色环电阻				
色环电阻				

3）电容的识别与检测。准确清点电容的数量，进行电容的识别与检测，筛选所需的电容并填写表 1-1-3。

注意事项：电解电容有极性，应注意区分。

指针万用表的使用

表 1-1-3　电容的识别与检测表

元器件	电容标示	标称容值	判断电容的好 / 坏
电解电容			
电解电容			
瓷片电容			
瓷片电容			

4）二极管的识别与检测。准确清点二极管的数量，进行二极管的识别与检测，筛选所需的二极管并填写表 1-1-4。

注意事项：二极管有极性，应注意区分。

《电子产品生产与检测》实操工卡

表 1-1-4　二极管的识别与检测表

二极管	万用表正测电阻	万用表反测电阻	画出二极管图形符号及极性	判断二极管的好 / 坏
发光二极管				
发光二极管				

5）三极管的识别与检测。准确清点三极管的数量，进行三极管的识别与检测，筛选所需的三极管并填写表 1-1-5。

注意事项：三极管有极性，应注意区分。

表 1-1-5　三极管的识别与检测表

元件	识别及检测内容	
	所用仪表	指针表□　数字表□
三极管 T1	在右框中画出三极管的管脚图，并标出各管脚对应的名称	
	判断三极管的好坏	

6）集成电路（芯片）的识别与检测。准确清点芯片的数量，检查引脚有无弯曲、变形或断裂，识别芯片的引脚功能。

绘出 555 芯片和 CD4011 芯片的引脚功能图并描述其功能作用

7）自由练习。

6. 结束工作	工作者	检查者
1）进行 6S 整顿：清理工位上的元器件、凳子摆放到位。		
2）归还相关工具、元器件。		

7. 评价反馈
1）产品验收。按照表 1-1-6 双路报警器元器件识别与检测评分表，对本工卡任务进行评分和验收。

《电子产品生产与检测》实操工卡

表 1-1-6 双路报警器元器件识别与检测评分表

序号	主要内容	考核要求	评分标准	配分	扣分	得分
1	电阻电容的识别与检测	能正确识读色环电阻、判断电容极性，并能使用万用表检测其功能好坏	1. 元件识读错误，每处扣2分； 2. 色环识读错误，每处扣1分； 3. 不能正确使用万用表或测试方法不正确，每次扣5分； 4. 电容极性或元器件好坏判断错误，每处扣2分	30		
2	二极管、三极管的识别与检测	能正确判别二极管、三极管的引脚、极性和型号等，并能使用万用表检测其功能好坏	1. 元件识读错误，每处扣2分； 2. 二极管、三极管引脚或极性判断错误，每处扣2分； 3. 不能正确使用万用表或测试方法不正确，每次扣5分； 4. 无法画出二极管、三极管的图形符号，每处扣2分	35		
3	常用集成电路的识别与检测	能正确判别常用集成电路的型号、功能作用、引脚功能表等，并能使用万用表检测其功能好坏	1. 元件识读错误，每处扣2分； 2. 集成电路（芯片）引脚判断错误，每处扣2分； 3. 不能正确使用万用表或测试方法不正确，每次扣5分； 4. 无法画出集成电路（芯片）的引脚功能图，每处扣2分	25		
4	安全文明制作	遵守操作规程；尊重考评老师，讲文明礼貌；考场结束要清理现场	1. 各项考试中，违反安全文明生产考核要求的任何一项扣2分，扣完为止； 2. 考生在不同的技能试题中，违反安全文明生产考核要求同一项内容的，要累计扣分； 3. 当考评老师发现考生有重大事故隐患时，要立即予以制止，每次扣考生安全文明生产5分	10		
		合计		100		
		指导老师签字：		年　月　日		

2）元器件识别与检测异常情况记录（表 1-1-7）。

表 1-1-7　元器件识别与检测异常情况记录表

元器件识别与检测异常情况记录	整改措施	完成时间	备注

备注：元器件识别与检测异常情况指元器件功能是否正常，数量是否准确，引脚有无断裂，中途有无丢失等。

3）查阅相关资料和小组讨论，简述元器件识别与检测过程中应注意哪些问题。

《电子产品生产与检测》实操工卡

班级		工作卡号	THT-02		共6页 第1页

工卡标题		双路报警器的组装与调试			
课程	电子产品生产与检测	工作区域		组装线	
版本	V2.1	课时		6	
组别		组员			
编写/修订		审核		批准	
日期		日期		日期	
工作情境描述	某企业承接了一批双路报警器的组装与调试任务，请按照相应的企业生产标准完成该产品的组装与调试，实现该产品的基本功能、满足相应的技术指标，并正确填写相关技术文件或测试报告。电路装配图和实物图如图1-2-1和图1-2-2所示，教学过程采用"教、学、做一体"或实训教学模式，使学生能熟练掌握通孔（THT）元器件的整形要求和电路的组装工艺，掌握手工焊接技术，完成双路报警器的组装焊接，掌握电路的调试方法，完成双路报警器的调试任务，提高实践动手能力。				
工作目标	1. 能够按照电路要求，完成通孔元器件的整形。 2. 熟练掌握手工焊接技术，完成双路报警器的组装焊接。 3. 掌握电路的调试方法，完成双路报警器的调试任务。				
思政目标	1. 通过双路报警器的电路的组装培养学生的节约意识和规范意识。 2. 通过双路报警器的电路的调试培养学生的安全意识和环保意识。				

1. 获取资讯

引导问题1：双路报警器电路中，电阻、电容采用哪种整形方法（卧式、立式）？请简述其整形要求。

_____

_____

_____

引导问题2：简述五步焊接法的主要内容和手工焊接的注意事项。

_____

_____

_____

引导问题3：简述双路报警器组装时元器件安装应遵循什么顺序。

_____

_____

引导问题4：简述双路报警器的工作原理。

待机状态工作原理（即K1闭合K2断开时）：_____

_____

_____

《电子产品生产与检测》实操工卡

及时触发报警工作原理（即 K1 闭合 K2 闭合时）：_____

_____

_____

延时触发报警工作原理（即 K1 断开 K2 断开时）：_____

_____

引导问题 5：现电路出现报警不正常现象，试使用提供的仪器设备和元器件，分析判断故障现象和故障位置，并排除故障。故障考核点（LED1 或 LED2 损坏、R1 损坏、R2 损坏、R3 损坏、R8 损坏）

_____

_____

_____

_____

_____

_____

_____

_____

小提示

双路报警器的装配图和实物图如图 1-2-1 和图 1-2-2 所示。

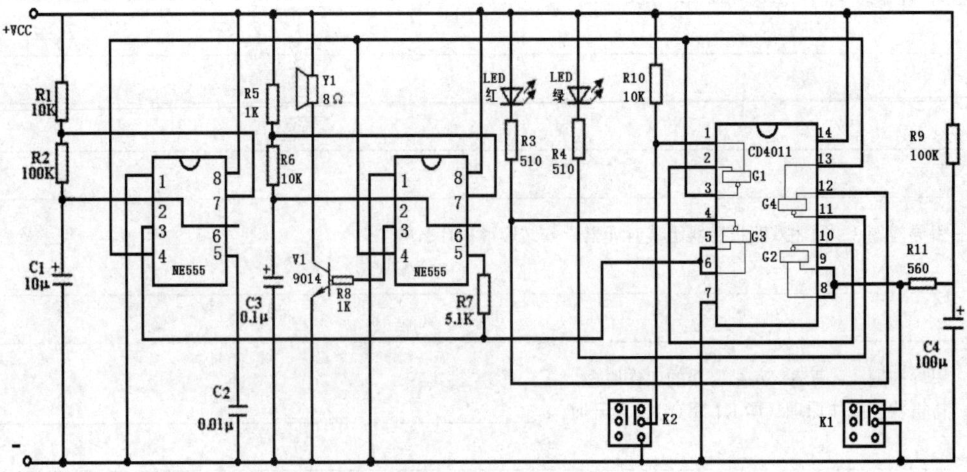

图 1-2-1　双路报警器装配图

《电子产品生产与检测》实操工卡

图 1-2-2　双路报警器实物图

小提示

当焊接完成后，需对焊接质量进行检查，检查电气连接和机械特性是否可靠、牢固，焊点是否标准美观，检验标准如下：

1. 为保证被焊件在受到振动或冲击时不至脱落、松动，要求焊点要有足够的机械强度。

2. 焊点应具有良好的导电性能，必须要焊接可靠，防止出现虚焊。

3. 焊点的外观应光滑、圆润、清洁、均匀、对称、整齐、美观、充满整个焊盘并与焊盘大小比例合适（即合格焊点）。合格焊点示意图如图 1-2-3 所示。

4. 元件安装准确无误，无浮高、错件、缺件、极性焊反等现象。

满足上述条件的焊点，才算是合格的焊点。

图 1-2-3　合格焊点示意图

火箭发动机焊接第一人——高凤林

高凤林，中共党员，"大国工匠第一人"，中国航天科技集团公司第一研究院国营二一一厂（首都航天机械公司）特种熔融焊接工、发动机车间班组长、国家高级技师。

高凤林 1980 年技校毕业后，一直从事火箭发动机焊接工作至今。30 多年来，他始终坚持以国为重、扎根一线、勇于登攀、甘于奉献，一次次攻克了发动机喷管焊接技术世界级难关，为北斗导航、嫦娥探月、载人航天、国防建设等国家重点工程的顺利实施以及长征五号新一代运载火箭研制做出了突出贡献，事业为天，技能是地。先后荣获国家科技进步二等奖、部科技进步一等奖、全军科技进步二等奖等科技成果奖 20 多项，发表论文 36 篇，著作三部，荣获全国十大能工巧匠、中华技能大奖、全国技术能手、中国高技能人才十大楷模、全国青年岗位能手、中央国家机关"十杰青年"、首次月球探测工程突出贡献者等先进荣誉称号 30 多项。2007 年被授了全国五一劳动奖章，2009 年获国务院政府特殊津贴，2014 年荣获全国高端技能型人才培养实践教学二等奖、德国纽伦堡国际发明展三项金奖，2015 年荣获全国劳动模范，2016 年获中国质量奖最高政府奖唯一个人奖、全国十大最美职工称号。

高凤林把美好的人生年华与国家、集体的荣誉和利益，与祖国的航天事业紧紧联系在一起，以卓尔不群的技艺和劳模特有的人格魅力、优良品质，成为新时代智能工人的时代坐标。

《电子产品生产与检测》实操工卡

2. 列工具、设备、材料清单

根据双路报警器的装配图和实物图，结合实际情况，请填写表1-2-1双路报警器安装与调试所需工具、设备、材料清单。

表 1-2-1 双路报警器所需工具、设备、材料清单

类别	名称	规格型号	单位	数量	备注
设备					
设备					
工具					
工具					
工具					
工具					
工具					
材料					
材料					

3. 工作任务

1）能够按照电路要求，完成通孔元器件的整形。
2）熟练掌握手工焊接技术，完成双路报警器的组装焊接。
3）掌握电路的调试方法，完成双路报警器的调试任务。

4. 工作准备	工作者	检查者
1）准备好相关工具、材料、设备等。		
2）检查所需设备的好坏，确保能够正常使用。		

5. 工作步骤	工作者	检查者
1）清点和检查双路报警器套件的数量，元器件引脚是否损坏，如缺元器件、元器件引脚损坏等。		
2）双路报警器的元器件整形。		
3）双路报警器的组装焊接。		
4）双路报警器的调试。		
5）双路报警器的排故。		
6）根据任务要求，小组成员之间互相设置电路故障，并分析排除故障。		
7）自由练习。		

数字万用表简介　　数字万用表的使用

6. 结束工作	工作者	检查者
1）进行6S整顿：清理工位上的锡渣，电烙铁、凳子摆放到位。		
2）归还相关工具、元器件。		

《电子产品生产与检测》实操工卡

7. 评价反馈

1）产品验收。按照表1-2-2双路报警器组装与调试评分表，对本任务进行评分和验收。

表1-2-2 双路报警器组装与调试评分表

序号	主要内容	考核要求	评分标准	配分	扣分	得分
1	装配功能	电路安装正确、功能正常，无接触不良和虚焊等现象	1. 一次通电实现全部功能得45分； 2. 安装更换或损坏元件，每处扣3分； 3. 通电不能实现功能，元件极性安装正确得15分； 4. 在抽考时间内排查故障，每通电一次电扣3分； 5. 元件安装错误、导线连接错误、接触不良，每处扣2分	45		
2	元件布局	元器件布局均匀合理，元件引脚跨度、安装高度等符合工艺要求	1. 电路布局不整齐、不美观，每处扣1分； 2. 元件引脚跨度长、安装高度不合适，每处扣1分	15		
3	电路布线	布线美观，横平竖直，无交叉、架空、弯曲松弛现象	1. 电路布线不美观，每处扣1分； 2. 电路交叉、架空、弯曲松弛每处扣1分	10		
4	焊接工艺	焊点均匀，光滑无毛刺，焊锡量适中，无连锡、少锡和虚焊等现象	1. 连锡、少锡、虚焊和漏焊，每处扣1分； 2. 焊点不光滑、有毛刺和焊锡量过多，每处扣0.5分； 3. 元件焊错、焊盘脱落，每处扣2分	20		
5	安全文明制作	焊接工具佩戴齐全；遵守操作规程；尊重考评老师，讲文明礼貌；考场结束要清理现场	1. 各项考试中，违反安全文明生产考核要求的任何一项扣2分，扣完为止； 2. 考生在不同的技能试题中，违反安全文明生产考核要求同一项内容的，要累计扣分； 3. 当考评老师发现考生有重大事故隐患时，要立即予以制止，每次扣考生安全文明生产5分	10		
	合计			100		
	考评老师签字：				年 月 日	

2）电路组装与调试异常情况记录（表1-2-3）。

表1-2-3 电路组装与调试异常情况记录表

电路组装与调试异常情况记录	整改措施	完成时间	备注

备注：电路组装与调试异常情况指电路功能不正常、焊接错误、烧坏元器件、调试方法或步骤不正确、中途有丢失等。

班级	工作卡号 THT-02	共 6 页 第 6 页

3）查阅相关资料和小组讨论，简述电路组装与调试过程中应注意哪些问题。

随手笔记

《电子产品生产与检测》实操工卡

工卡标题	后执锡线顶岗生产				
课程	电子产品生产与检测	工作区域		后执锡线	
版本	V2.1	课时		8	
组别		组员			
编写/修订		审核		批准	
日期		日期		日期	
工作情境描述	电子产品生产基地承接了一批 HF 系列倒车雷达的组装与测试任务，请按照企业倒车雷达主板关于后执锡线的工作内容和产品质量要求，完成后执锡线上岗考核、首件考核和倒车雷达主板的后执锡生产任务，并正确填写相关技术文件或生产报告。教学过程采用实训教学模式，使学生熟练掌握手工焊接技术与工艺完成后执锡线上岗考核、首件考核，能组织和安排后执锡线生产，并按时按量完成倒车雷达主板的后执锡生产任务。				
工作目标	1. 熟练掌握手工焊接技术与工艺。 2. 完成后执锡线上岗考核、首件考核。 3. 掌握企业级焊接技术和工艺要求。 4. 能组织和安排后执锡线生产，并按时按量完成倒车雷达主板的后执锡生产任务。				
思政目标	1. 通过企业级焊接技术和工艺要求，培养学生的安全意识、节约意识和6S意识。 2. 通过后执锡生产线的顶岗生产，培养学生的团队合作和沟通协调能力。				

1. 获取资讯

引导问题1：简述五步焊接法的主要内容和手工焊接的注意事项。

_____

_____

_____

引导问题2：简述后执锡线的工作内容？

_____

_____

_____

引导问题3：使用恒温焊台进行手工焊接时，焊接温度应设置 _____ ℃，焊接时间为 _____ s。简述恒温焊台使用注意事项。

_____

_____

_____

_____

引导问题4：元器件浮高的判断标准为 _____

_____。

《电子产品生产与检测》实操工卡

引导问题5：简述什么是上岗考核，什么是首件考核。

_____

_____

小提示

企业倒车雷达主板后执锡线外观检查判断标准要求：

1. 元件安装准确无误，无浮高、缺件、错件、极性反等现象。倒车雷达主板企业级标准焊接实物图如图 1-3-1 所示。

2. 为保证被焊件在受到振动或冲击时不至脱落、松动，要求焊点要有足够的机械强度。

3. 焊点应具有良好的导电性能，必须要焊接可靠，防止出现虚焊。

4. 焊点的外观应光滑、圆润、均匀、对称、整齐、美观、充满整个焊盘并与焊盘大小比例合适（即锥形焊点）。企业级标准焊接实物图如图 1-3-1 所示，合格焊点示意图如图 1-3-2 所示。

5. 板面干净整洁（无锡渣）。

满足上述条件的焊点，才算是合格的焊点。

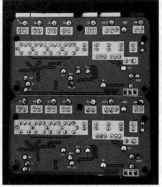

图 1-3-1 企业级标准焊接实物图

图 1-3-2 合格焊点示意图

小提示

手工焊接技巧之焊接三要素

（1）俗话说"工欲善其事，必先利其器"。镀锡，要保证焊点标准美观，要时刻保持烙铁头处于镀锡状态（光亮状态），高温海绵的作用是保证镀锡状态。

（2）电烙铁是一个加热工具，加热时间为 3 ~ 4s；焊接时需要一定的压力和支点，保证焊锡、焊盘和引脚 3 部分同时受热，方可保证焊接良好，无手抖现象。

（3）助焊剂，每次焊接时都需要适当添加一点点焊锡丝，焊锡丝是空心的，内部有助焊剂，多余的焊锡会被镀锡的烙铁头带走，焊点会自然形成标准焊点。

《电子产品生产与检测》实操工卡

2. 列工具、设备、材料清单

根据企业倒车雷达主板后执锡线生产工作要求,结合插件生产要求,请填写表 1-3-1 后执锡线所需工具、设备、材料清单。

表 1-3-1 后执锡线所需工具、设备、材料清单

类别	名称	规格型号	单位	数量	备注
设备					
设备					
材料					
材料					
工具					
工具					
工具					
工具					
工具					

3. 工作任务

1) 完成后执锡线上岗考核、首件考核。

2) 能组织和安排后执锡线生产,并按时按量完成倒车雷达主板的后执锡生产任务。

4. 工作准备	工作者	检查者
1) 后执锡生产前,组长协助老师准备好相关工具、材料、设备等。		
2) 检查后执锡线工具、设备是否齐全,恒温焊台能否正常加热。		
3) 检查插件、浸焊完后的电路板,质量是否符合要求。		

5. 工作步骤		工作者	检查者
1) 恒温焊台的开机温度设定为 300 ~ 350℃。			
2) 后执锡线焊接练习。 主要包含以下内容:连锡、浮高、少锡、通孔的处理;多引脚元器件的拆焊。	恒温焊台的使用		
3) 上岗考核:能否进行后执锡操作的岗位考核,考核不通过下岗。 上岗考核次数:_____。			
a. 连锡的处理:连续处理 4 个连锡,每个连锡点必须 3 次以内(包含 3 次)用烙铁头带开焊点的连锡,焊点自然形成锥形焊点。 注意事项:处理连锡时不应用烙铁头划开连锡或甩锡,如果有此类操作,则考核为零分。	连锡的处理		
b. 浮高的处理:连续处理两个浮高,浮高处理完后,需检查浮高的元器件是否压平整、有无倾斜,焊点是否为锥形焊点。	浮高的处理		

班级	工作卡号	THT-03	共6页 第4页

c. 少锡的处理（即单点焊接）：连续完成两个元件的单点焊接，焊点为锥形。

少锡的处理

d. 通孔的处理：使用吸锡器完成一个或多个点的通孔。标准要求为：每使用一次吸锡器必须通一个孔。

通孔的处理

e. 多引脚元件（中周）拆焊处理（加分项），在规定时间内，完成一个中周的拆卸、通孔和焊接。标准要求：中周拆卸、通孔和焊接过程中，不应损坏中周的引脚和PCB板的焊盘，否则考核不合格。

中周的拆卸

4）首件考核：能否修理首块倒车雷达主板的能力考核，即把上岗考核所学的技能用于产品修理上和后执锡线外观检查判断标准的掌握上。

对照"企业倒车雷达主板后执锡线外观检查判断标准"，判断自己手中的首块倒车雷达主板有无连锡、少锡、浮高和缺件等现象，如果有则按照前面所学知识进行修理，修理完后送指导老师处检查。

首件考核次数：_____。

5）刷板：使用钢丝刷清理电路板上的残留锡渣、助焊剂等，使板面干净整洁。
注意事项：刷板时，不应用力过大，以免划伤电路板。

6）后执锡岗位顶岗生产：通过首件考核和上岗考核后，继续完成本组的后执锡生产任务，组员修理完后的倒车雷达主板送至QC或组长处进行外观检查，检查合格板，统计修理板数，不合格板返工继续修理。

组员后执锡板数统计：_____。

QC：对本小组后执锡修理完后的电路板进行外观检查。首先，检查有无连锡、少锡、浮高、缺件和极性反等现象；其次，检查焊点是否为锥形焊点；再次，检查板面是否干净、整洁，有无残留的锡渣、助焊剂等。满足以上要求的即为合格板，并统计修理人板数。不合格板返工继续修理。

本小组后执锡合格板数：_____   不合格板数：_____

报废板数（焊盘脱落）：_____

组长：组长管理本组人员的考勤、生产积极性和工位整理等，并协调QC完成后执锡外观检查任务。

本小组拟推荐优秀后执锡人员（1～2人）_____

本小组生产情况分析：_____

不足之处或常见问题：_____

_____

《电子产品生产与检测》实操工卡

班级		工作卡号	THT-03	共6页　第5页

6. 结束工作	工作者	检查者
1）将未后执锡的板放回原处，已完成后执锡板送至 QC 或组长处检查，修理一半的板，放在自己工位上，下次课继续修理。		
2）进行 6S 整顿：清理工位上的锡渣，电烙铁、凳子摆放到位。		
3）归还相关工具、元器件。		

7. 评价反馈		

1）产品验收：组长和 QC 按照表 1-3-2 倒车雷达主板插件生产验收标准及评分表，对已后执锡完的产品进行现场验收。

表 1-3-2　倒车雷达主板插件生产验收标准及评分表

序号	验收项目	验收标准	评分细则	配分	扣分	得分
1	整体外观	电路板和元器件无划痕、破损，外观整齐	1. 电路板和元器件有划痕、破损，每处扣 2 分； 2. 电路板外观不整齐，每处扣 2 分	10		
2	焊接工艺	焊点均匀，光滑无毛刺，焊锡量适中，无连锡、少锡和虚焊等现象	1. 连锡、少锡、虚焊和漏焊，每处扣 2 分； 2. 焊点不光滑、有毛刺和焊锡量过多，每处扣 2 分； 3. 焊盘脱落，本项考核不合格	20		
3	浮高	排插必须紧贴电路板；所有元器件安装高度不应超过电解电容，电解电容和中周应平齐，无倾斜	1. 排插、电解电容浮高，每处扣 1 分； 2. 中周浮高，每处扣 5 分	15		
4	缺件、错件	所有元器件安装正确，无缺件、错件和极性反等现象；定时抽检 78L05 和 78L08 有无错件，电解电容有无极性反等现象	1. 元器件有缺件，每处扣 2 分； 2. 元器件有错件、极性反，每处扣 3 分； 3. 78L05 和 78L08 安装错误，每处扣 5 分	15		
5	产品直通率	直通率 = 插件不合格数 / 插件总数 ×100%；生产完成情况	1. 直通率 ≥90% 为合格； 2. 94% ≤直通率 ≤ 96% 为良好； 3. 直通率 ≥97% 为优秀； 4. 应时按量完成插件生产任务，每超时 2 分钟，扣一分	30		
6	安全文明制作	焊接工具佩戴齐全；遵守操作规程；尊重考评人员，讲文明礼貌；考场结束要清理现场	1. 各项考试中，违反安全文明生产考核要求的任何一项扣 2 分，扣完为止 2. 当考评老师发现考生有重大事故隐患时，要立即予以制止，每次扣考生安全文明生产 5 分	10		
合计				100		
组长和 QC 签字：				年　月　日		

2）后执锡顶岗生产过程异常情况记录（表 1-3-3）。

《电子产品生产与检测》实操工卡

表 1-3-3　后执锡顶岗生产过程异常情况记录表

后执锡顶岗生产过程异常情况记录	整改措施	完成时间	备注

备注：后执锡顶岗生产过程异常情况指上岗考核、首件考核没有通过，有焊盘脱落、产品质量问题等。

3）查阅相关资料和小组讨论，简述倒车雷达主板在后执锡生产过程中应注意哪些问题，如何提高后执锡产品的合格率和修理速度。

_____

_____

_____

_____

_____

_____

_____

随手笔记

....

....

....

....

....

....

《电子产品生产与检测》实操工卡

班级		工作卡号	THT-04	共6页 第1页

工卡标题	HF 系列倒车雷达主板（整机）的插件生产				
课程	电子产品生产与检测		工作区域		插件拉
版本	V2.1		课时		6
组别			组员		
编写 / 修订		审核		批准	
日期		日期		日期	
工作 情境描述	电子产品生产基地承接了一批 HF 系列倒车雷达的生产与组装任务，请按照企业倒车雷达主板订单的要求和本组人数，制定插件生产线的生产方案，完成倒车雷达主板的插件生产任务，插件质量符合企业标准要求，并正确填写相关技术文件或生产报告。教学过程采用实训教学模式，使学生掌握人工插件的方法与技巧，掌握企业插件生产工艺要求和注意事项，能够根据插件人数的不同，组织和安排插件线生产任务。				
工作目标	1. 能够正确识别倒车雷达主板元器件。 2. 掌握人工插件的方法与技巧。 3. 掌握企业插件生产工艺要求和注意事项。 4. 根据插件人数的不同，能组织和安排插件线生产任务。				
思政目标	1. 通过真实的产品和企业级工艺要求，培养学生的质量意识、安全意识、节约意识和 6S 意识。 2. 通过插件生产线的顶岗生产，使学生明白 "100-1=0" 的道理，培养学生的团队合作和沟通协调能力。				

1. 获取资讯

引导问题 1：78L05 和 78L08 分别是什么元器件？试画出其引脚图

_____

_____

_____

引导问题 2：试写出两种电解电容判断极性的方法？

方法一：_____

方法二：_____

在插件时，电解电容 _____ 插入无条纹孔中，_____ 插入有条纹孔中，并紧贴电路板。

引导问题 3：中周属于（填电阻 / 电容 / 电感 / 半导体）_____ 类型的元器件。如何用万用表判断中周的好坏？

_____

_____

_____

引导问题 4：在电子产品组装过程中，插件应遵循 _____

_____ 原则。

《电子产品生产与检测》实操工卡

引导问题5：在插件生产中，有哪些注意事项？

_____

_____

_____

引导问题6：根据M系列倒车雷达主板装配图（图1-4-1）和实物图（图1-4-2），结合实际生产情况，制定M系列倒车雷达主板插件生产线的生产方案（以8人为例）。

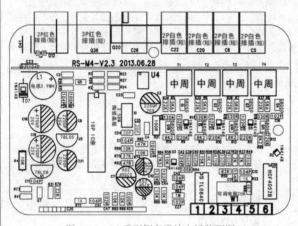

图1-4-1　M系列倒车雷达主板装配图

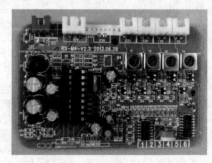

图1-4-2　M系列倒车雷达主板实物图

_____

_____

_____

_____

_____

_____

_____

_____

小提示

倒车雷达主板插件工艺要求：

1. 排插必须紧贴电路板且不能左右倾斜，不可插错排插（如3P排插插成2P排插，红色排插插成白色排插）。
2. 电解电容、78L05和78L08三种元器件有方向、极性，插件时应注意方向和极性，一定不能插反。
3. 78L05和78L08外观完全一样，注意不要弄混，补料时要仔细看清参数。
4. 操作过程中所有工位都要佩戴静电手环（具体佩戴标准参考静电手环佩戴指导书）。
5. 左右手交替操作，两手之间隔2～3块板，要有规律安排自己所插的物料顺序，可以加快插件速度。

小提示

HF 系列倒车雷达与 M 系列倒车雷达的异同点

1. 两款倒车雷达的功能、作用相同，探头数量同样有 2/4/6/8 探头可供选择。

2. HF 系列倒车雷达主要面向国内市场的汽车生产厂商、4S 店等，而 M 系列倒车雷达主要销往国外，如马来西亚、俄罗斯等国。

HF 系列倒车雷达主板颜色为红色，M 系列倒车雷达主板颜色为绿色。

小提示

HF 系列倒车雷达正面装配图和背面焊点图如图 1-4-3 和图 1-4-4 所示。

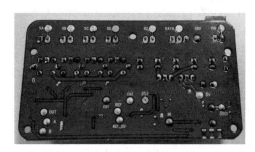

图 1-4-3 HF 系列倒车雷达实物正面装配图　　　图 1-4-4 HF 系列倒车雷达实物背面焊点图

2. 列工具、设备、材料清单

根据图 1-4-1 和图 1-4-2（倒车雷达主板装配图和实物图），结合插件生产要求，请填写表 1-4-1 插件所需工具、设备、材料清单。

表 1-4-1 插件所需工具、设备、材料清单

类别	名称	规格型号	单位	数量	备注
设备					
设备					
材料					
材料					
材料					
材料					
材料					
材料					
材料					
材料					
材料					
材料					
材料					
工具					
工具					

《电子产品生产与检测》实操工卡

3. 工作任务

1）按照企业倒车雷达主板订单需求和工艺要求，制定插件生产线的生产方案。

2）按时按量完成 HF 系列倒车雷达主板的插件生产任务（以 10 人插件为例）。

4. 工作准备	工作者	检查者
1）插件生产前，组长协助老师准备好相关工具、材料、设备等。		
2）检查库存元器件和 PCB 板数量是否满足生产要求。		
3）检查元件盒元器件是否与元件盒标识一致，有无混料现象。		
4）按照制定的插件线生产方案摆放元件盒顺序。		

5. 工作步骤	工作者	检查者
岗位 1：将 PCB 板掰成两小块为一块的 PCB 板，将板放入插件拉，方向不能反，并计数。将红色 2P 排插插入 Q12 位置，插完后传入下一道工序。		
岗位 2：将白色 3P 排插插入 Q36 位置，白色 2P 排插依次插入 C26、C22 位置，插完后传入下一道工序		
岗位 3：将白色 2P 排插依次插入 C20、C6、C5 位置，插完后传入下一道工序。		
岗位 4：将 3.58M 晶振插入 X1 位置，78L05 插入 U5 位置，元器件半圆方向与丝印要对应，同时不能高于电解电容，插完后传入下一道工序。		
岗位 5：将 104P 瓷片电容插入 C23 位置，3.9mH 电感插入 L1 位置，插完后传入下一道工序。		
岗位 6：将 220UF/25V 电解电容插入 C18 位置，电解电容长脚（正极）插入无条纹孔中，短脚（负极）插入有条纹孔中，78L08 插在 U1 位置，元器件半圆方向与丝印要对应，同时不能高于电解电容，插完后传入下一道工序。		
岗位 7：将 220UF/25V 电解电容依次插入 C19、C8 位置，电解电容长脚（正极）插入无条纹孔中，短脚（负极）插入有条纹孔中，插完后传入下一道工序。		
岗位 8：将 220UF/25V 电解电容依次插入 C21、C3 位置，插完后传入下一道工序。		
岗位 9：将中周依次插入 T1、T2 位置，插完后传入下一道工序。		
岗位 10：将中周依次插入 T3、T4 位置，插完后传入下一道工序。		
岗位 QC：对本小组插件完后的电路板进行点检，检查有无缺件、错件、漏件或极性反等现象，并统计合格率、不良率等，确保插件质量。		
本小组拟推荐优秀插件员：_____		
本小组缺件数、错件数和极性插反数：_____ _____		

插件拉的操作

6. 结束工作	工作者	检查者
1）将未使用完的元器件分类放入指定元件盒中，并把元件盒放在插件线指定位置。		
2）进行 6S 整顿		
3）归还相关工具、元器件。		

《电子产品生产与检测》实操工卡

7. 评价反馈

1）产品验收：组长和 QC 按照表 1-4-2 倒车雷达主板插件生产验收标准及评分表，对已插件完的产品进行现场验收。

表 1-4-2　倒车雷达主板插件生产验收标准及评分表

序号	验收项目	验收标准	评分细则	配分	扣分	得分
1	整体外观	电路板和元器件无划痕、破损，外观整齐	1. 电路板和元器件有划痕、破损，每处扣 2 分； 2. 电路板外观不整齐，每处扣 2 分	10		
2	浮高	排插必须紧贴电路板；所有元器件安装高度不应超过电解电容，电解电容和中周应平齐，无倾斜	1. 排插、电解电容浮高，每处扣 1 分； 2. 中周浮高，每处扣 5 分	20		
3	缺件错件	所有元器件安装正确，无缺件、错件和极性反等现象；定时抽检 78L05 和 78L08 有无错件，电解电容有无极性反等现象	1. 元器件有缺件，每处扣 2 分； 2. 元器件有错件、极性反，每处扣 3 分； 3. 78L05 和 78L08 安装错误，每处扣 5 分	20		
4	产品直通率	直通率＝插件不合格数／插件总数×100%；生产完成情况	1. 直通率≥ 90% 为合格； 2. 94%≤直通率≤ 96% 为良好； 3. 直通率≥ 97% 为优秀； 4. 应按时按量完成插件生产任务，每超时 2 分钟，扣一分	40		
5	安全文明制作	严格按照工卡作业；遵守操作规程；尊重考评老师，讲文明礼貌；考场结束要清理现场	1. 各项考试中，违反安全文明生产考核要求的任何一项扣 2 分，扣完为止； 2. 当考评老师发现考生有重大事故隐患时，要立即予以制止，每次扣考生安全文明生产 5 分	10		
合计				100		
组长和 QC 签字：				年　月　日		

2）插件线顶岗生产过程异常情况记录（表 1-4-3）。

表 1-4-3　插件线顶岗生产过程异常情况记录表

插件线顶岗生产过程异常情况记录	整改措施	完成时间	备注

备注：插件线顶岗生产过程异常情况包括大批量质量问题，如 78L05 和 78L08 元器件混淆，补错料、浮高、缺件、错件和直通率低等。

《电子产品生产与检测》实操工卡

3）查阅相关资料和小组讨论，简述倒车雷达主板在插件生产过程中应注意哪些问题，若插件人数发生变化，该如何优化插件线生产方案。

_____

_____

_____

_____

_____

_____

_____

随手笔记

《电子产品生产与检测》实操工卡

班级		工作卡号	THT-05	共 5 页　第 1 页

工卡标题		半自动浸焊机的操作		
课程	电子产品生产与检测	工作区域		插件线
版本	V2.1	课时		6
组别		组员		
编写 / 修订		审核		批准	
日期		日期		日期	
工作 情境描述	电子产品生产基地承接了一批 HF 系列倒车雷达的生产与组装任务，请按照相应的企业生产标准完成该产品插件线顶岗生产中的浸焊任务，浸焊质量符合企业标准要求，并正确填写相关技术文件或生产报告。教学过程采用实训教学模式，使学生掌握浸焊的生产工艺流程和注意事项，熟练掌握半自动浸焊机的操作。			
工作目标	1．掌握浸焊的生产工艺流程和注意事项。 2．熟练掌握半自动浸焊机的操作，浸焊质量符合企业标准要求。			
思政目标	1．通过半自动浸焊机的操作，使学生养成良好、规范的操作习惯，培养学生的规范意识、安全意识和 6S 意识。 2．通过要求学生的浸焊质量符合企业标准要求，培养学生"零缺陷、无差错"的质量意识和航空职业素养。			

1. 获取资讯

引导问题 1：简述半自动浸焊生产工艺流程和注意事项。

_____

_____

_____

_____

引导问题 2：简述浸焊时间过长，对电路板有何影响。

_____

_____

_____

_____

引导问题 3：使用半自动浸焊机浸焊时，锡炉温度应设置为 _____ ℃，浸焊时间为 _____ s。

引导问题 4：浸焊合格板的判断标准：_____

_____。

引导问题 5：简述浸焊时大面积少锡的形成原因及解决方法。

_____

_____

《电子产品生产与检测》实操工卡

小提示

　　半自动焊焊机主要由焊锡槽、机械手、控制面板、冷却风机、排烟口、预热区、喷雾区等组成，半自动浸焊机结构示意图如图 1-5-1 所示。

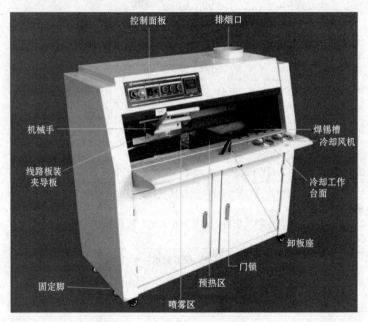

图 1-5-1　半自动浸焊机结构示意图

小提示

　　半自动浸焊操作工艺流程包括预装电路板、喷涂助焊剂、浸焊、目视检查浸焊质量、结束待切脚，半自动浸焊操作工艺流程如图 1-5-2 所示。

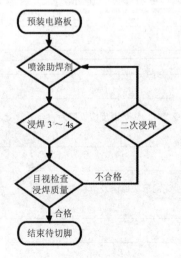

图 1-5-2　半自动浸焊操作工艺流程

《电子产品生产与检测》实操工卡

2. 列工具、设备、材料清单

根据半自动浸焊实际生产情况，请填写表 1-5-1 半自动浸焊所需工具、设备、材料清单。

表 1-5-1　半自动浸焊所需工具、设备、材料清单

类别	名称	规格型号	单位	数量	备注
设备					
设备					
材料					
材料					
材料					
工具					
工具					
工具					

3. 工作任务

熟练操作半自动浸焊机，并保质保量完成倒车雷达主板的浸焊生产任务。

4. 工作准备	工作者	检查者
1）浸焊生产前，组长协助老师准备好相关工具、材料、设备等。		
2）检查助焊剂是否充足，机械手臂是否活动正常。		
3）检查助焊剂喷涂雾化效果是否均匀。		

5. 工作步骤	工作者	检查者
1）浸焊开始前，确认锡炉温度是否达到设定温度，锡是否完全融合。		
2）预装电路板，把电路板预装到机械手臂导轨上，检查有无缺件、错件、浮高、倾斜等现象，安装防护板，防止烫伤排插。		
3）喷涂助焊剂，通过控制机械手臂匀速运动，使助焊剂喷涂均匀。 上岗考核次数：_____		
4）浸焊，匀速滑动机械手臂横向到底，轻轻下压机械手臂，接触锡面后，慢下慢上，浸焊时间 3～4s。		
5）冷却检查焊点，浸焊完成后冷却 3s，目视检查浸焊效果，标准为连锡、少锡点数少于 3 个。		
6）结束待切脚，合格板放入周转胶框中，摆放整齐，等待切脚；不合格板，放在浸焊机上方胶框，待充分冷却后，进行二次浸焊。		
小提示：浸焊操作是一个熟能生巧的工作，浸焊时，应多看、多练习，才能掌握其中的技巧。		

半自动浸焊机的操作

《电子产品生产与检测》实操工卡

6. 结束工作	工作者	检查者
1）浸焊完成后，应及时用清水清洗浸焊机的喷雾系统，防止长时间不用，残留的助焊剂腐蚀喷雾系统组件，造成堵塞现象。		
2）进行 6S 整理。		
3）归还相关工具、材料。		

7. 评价反馈

　1）产品验收：浸焊操作人员填写表 1-5-2 倒车雷达主板浸焊生产验收标准及评分表，对已浸焊完的产品进行现场验收。

表 1-5-2　倒车雷达主板浸焊生产验收标准及评分表

序号	验收项目	验收标准	评分细则	配分	扣分	得分
1	连锡、少锡	浸焊质量符合企业标准要求，连锡、少锡数量少于3个	1. 连锡、少锡数量少于3个，每多一处扣2分； 2. 电路板漫锡，造成电路板报废，此项考核不合格	30		
2	浮高	排插必须紧贴电路板；所有元器件安装高度不应超过电解电容，电解电容和中周应平齐，无倾斜	1. 排插、电解电容浮高，每处扣1分； 2. 中周浮高，每处扣5分	20		
3	缺件错件	所有元器件安装正确，无缺件、错件和极性反等现象；定时抽检78L05和78L08有无错件，电解电容有无极性反等现象	1. 元器件有缺件，每处扣2分； 2. 元器件有错件、极性反，每处扣3分； 3. 78L05和78L08安装错误，每处扣5分	30		
4	任务完成情况	按时按量完成浸焊生产任务	应按时按量完成插件生产任务，每超时2分钟，扣1分	10		
5	安全文明制作	严格按照工卡作业；遵守操作规程；尊重考评老师，讲文明礼貌；考场结束要清理现场	1. 各项考试中，违反安全文明生产考核要求的任何一项扣2分，扣完为止； 2. 当考评老师发现考生有重大事故隐患时，要立即予以制止，每次扣考生安全文明生产5分	10		
		合计		100		
		浸焊操作人员签字：			年　月　日	

　2）浸焊生产过程异常情况记录（表 1-5-3）。

表 1-5-3　浸焊生产过程异常情况记录表

浸焊生产过程异常情况记录	整改措施	完成时间	备注

备注：浸焊生产过程异常情况有漫锡、大面积连锡、少锡、浮高、缺件、错件等。

《电子产品生产与检测》实操工卡

3）查阅相关资料和小组讨论，简述常见通孔元器件的焊接方法包含哪些，各自的应用领域和优缺点。

_____

_____

_____

_____

_____

_____

_____

_____

_____

_____

随手笔记

随手笔记

《电子产品生产与检测》实操工卡

班级		工作卡号	SMT-01	共6页 第1页

工卡标题	开关稳压电源元器件的识别与检测			
课程	电子产品生产与检测	工作区域	检测线	
版本	V2.1	课时	2	
组别		组员		
编写/修订		审核		批准	
日期		日期		日期	

工作情境描述	完成开关稳压电源元器件的识别与检测，电路如图2-1-2所示，所需元器件采用套件下发，教学过程采用"教、学、做一体"或实训教学模式，使学生能熟练掌握贴片器件的性能、特点、主要参数和标注方法，掌握贴片元器件功能好坏的判断，按时完成开关稳压电源元器件的识别与检测工卡任务，提高实际操作能力。
工作目标	1．能够列出开关稳压电源元器件清单表。 2．掌握贴片电阻、贴片电感、贴片电容、贴片二极管、贴片三极管和常用集成电路的识别与检测方法。 3．能够清点和检查全套装配元器件的数量和质量，进行元器件的识别与检测，筛选所需元器件。
思政目标	1．通过贴片元器件的识别，培养学生严谨、仔细、创新的处事理念。 2．通过贴片元器件的检测，让学生明白天下大事，必作于细的专注精神。

1．获取资讯

引导问题1：简述贴片元器件与插件元器件的区别。

引导问题2：根据贴片电阻的命名方法，RS-05K102JT贴片电阻表示什么含义？

引导问题3：贴片元器件封装名称解释：

贴片电阻0402封装：_____　　贴片电阻0805封装：_____

MEF封装：_____　　SOT封装：_____

PLCC封装：_____　　BGA封装：_____

引导问题4：简述贴片二极管的识别与检测方法。

引导问题5：

1．一贴片电阻标示为"512"，其阻值为_____。

2．开关稳压电源贴片电阻封装为_____。

3．一瓷片电容的标示为202，表示其容量为_____μF。

《电子产品生产与检测》实操工卡

4. 电感具有通 _____ 频，阻 _____ 频的电气特性。

5. 二极管按材料分类，可分为 _____ 管和 _____ 管，二极管的图形符号为 _____ 。

6. 三极管按材质分为 _____ 和 _____ 两种，按结构分为 _____ 型和 _____ 型两种。三极管的图形符号为 _____ 。三极管有三个引脚，分别为基极、 _____ 和 _____ 。

7. 开关稳压电源 MC34063 芯片封装为 _____ 。

小提示

中国芯——龙芯

中国芯是指由中国自主研发并生产制造的计算机处理芯片。通用芯片有魂芯系列、龙芯系列、威盛系列、神威系列；嵌入式芯片有星光系列、方舟系列、神州龙芯系列。

龙芯是中国科学院计算所自主研发的通用 CPU，采用自主 LoongISA 指令系统，兼容 MIPS 指令。2002 年 8 月 10 日诞生的"龙芯一号"是我国首枚拥有自主知识产权的通用高性能微处理芯片。龙芯从 2001 年至今共开发了 1 号、2 号、3 号三个系列处理器和龙芯桥片系列，在政企、安全、金融、能源等应用场景得到了广泛的应用。龙芯 1 号系列为 32 位低功耗、低成本处理器，主要面向低端嵌入式和专用应用领域；龙芯 2 号系列为 64 位低功耗单核或双核系列处理器，主要面向工控和终端等领域；龙芯 3 号系列为 64 位多核系列处理器，主要面向桌面和服务器等领域，其实物图如图 2-1-1 所示。

图 2-1-1　龙芯芯片实物图

2. 列工具、设备、材料清单

根据图 2-1-2 所示开关稳压电源原理图，清点和检查全套装配元器件的数量和质量，进行元器件的识别与检测，筛选所需元器件，请填写表 2-1-1 开关稳压电源所需工具、设备、材料清单。

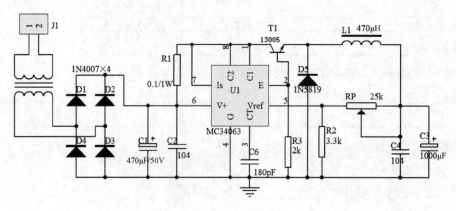

图 2-1-2　开关稳压电源原理图

《电子产品生产与检测》实操工卡

表 2-1-1 开关稳压电源工具、设备、材料清单

类别	名称	规格型号	单位	数量	备注
设备					
设备					
材料					
材料					
材料					
材料					
材料					
材料					
材料					
材料					
材料					
材料					
工具					

3. 工作任务
1）按所需元器件的120%配置，请准确清点和检查全套装配元器件的数量和质量，进行元器件的识别与检测，筛选所需元器件。
2）掌握贴片电阻、贴片电容、贴片电感、贴片二极管、贴片三极管、贴片集成电路的质量检测方法与步骤。

4. 工作准备	工作者	检查者
1）清点和检查开关稳压电源套件的数量，元器件引脚是否损坏。		
2）检查万用表的好坏，能否进行欧姆调零。		

5. 工作步骤	工作者	检查者
1）清点和检查开关稳压电源套件的数量，元器件引脚是否损坏，如缺元器件、元器件引脚损坏等，请及时找指导老师更换。		
2）贴片电阻的识别与检测。 　准确清点贴片电阻的数量，进行电阻的识别与检测，筛选所需的电阻并填写表2-1-2。		

《电子产品生产与检测》实操工卡

表 2-1-2 贴片电阻的识别与检测表

元器件	标示值	标称阻值	万用表测量值	判断电阻的好 / 坏
贴片电阻				
贴片电阻				
贴片电阻				
贴片电阻				
贴片电阻				
贴片电阻				

3）贴片电容的识别与检测。准确清点电容的数量，进行贴片电容的识别与检测，筛选所需的电容，并填写表 2-1-3。

注意事项：电解电容有极性，应注意区分。

表 2-1-3 贴片电容的识别与检测表

元器件	电容标示	标称容值	判断电容的好 / 坏
电容			
电容			
电解电容			
电解电容			

4）贴片二极管的识别与检测。准确清点二极管的数量，进行二极管的识别与检测，筛选所需的二极管，并填写表 2-1-4。

注意事项：二极管有极性，应注意区分。

表 2-1-4 贴片二极管的识别与检测表

二极管	万用表正测电阻	万用表反测电阻	画出二极管图形符号及极性	判断二极管的好 / 坏
发光二极管				
发光二极管				

5）贴片三极管的识别与检测。准确清点三极管的数量，进行三极管的识别与检测，筛选所需的三极管，并填写表 2-1-5。

注意事项：三极管有极性，应注意区分。

班级	工作卡号	SMT-01	共6页 第5页

表 2-1-5　贴片三极管的识别与检测表

元件	识别及检测内容	
	所用仪表	指针表□　数字表□
三极管 T1	在右框中画出三极管的管脚图，并标出各管脚对应的名称	
	判断三极管的好坏	

6）集成电路（芯片）的识别与检测。准确清点芯片的数量，检查引脚有无弯曲、变形或断裂，识别芯片的引脚功能。

绘出 MC34063 芯片的引脚功能图并描述其功能作用。

7）自由练习。

6. 结束工作	工作者	检查者
1）进行 6S 整顿：清理工位上的元器件、凳子摆放到位。		
2）归还相关工具、元器件。		

7. 评价反馈

1）产品验收：按照表 2-1-6 开关稳压电源元器件识别与检测评分表对本任务进行评分和验收。

表 2-1-6　开关稳压电源元器件识别与检测评分表

序号	主要内容	考核要求	评分标准	配分	扣分	得分
1	电阻、电容的识别与检测	能正确识读色环电阻、判断电容极性，并能使用万用表检测其功能好坏	1. 元件识读错误，每处扣 2 分； 2. 色环识读错误，每处扣 1 分； 3. 不能正确使用万用表或测试方法不正确，每次扣 5 分； 4. 电容极性或元器件好坏判断错误，每处扣 2 分	30		
2	二极管、三极管的识别与检测	能正确判别二极管、三极管的引脚、极性和型号等，并能使用万用表检测其功能好坏	1. 元件识读错误，每处扣 2 分； 2. 二极管、三极管引脚或极性判断错误，每处扣 2 分； 3. 不能正确使用万用表或测试方法不正确，每次扣 5 分； 4. 无法画出二极管、三极管的图形符号，每处扣 2 分	35		

班级		工作卡号	SMT-01	共6页 第6页		

序号	主要内容	考核要求	评分标准	配分	扣分	得分
3	常用集成电路的识别与检测	能正确判别常用集成电路的型号、功能作用、引脚功能表等，并能使用万用表检测其功能好坏	1. 元件识读错误，每处扣2分； 2. MC34063芯片引脚或极性判断错误，每处扣2分； 3. 不能正确使用万用表或测试方法不正确，每次扣5分； 4. 无法画出MC34063芯片的引脚图，每处扣2分	25		
4	安全文明制作	遵守操作规程；尊重考评老师，讲文明礼貌；考场结束要清理现场	1. 各项考试中，违反安全文明生产考核要求的任何一项扣2分，扣完为止； 2. 考生在不同的技能试题中，违反安全文明生产考核要求同一项内容的，要累计扣分； 3. 当考评老师发现考生有重大事故隐患时，要立即予以制止，每次扣考生安全文明生产5分	10		
	合计			100		
	指导老师签字：				年 月 日	

2）元器件识别与检测异常情况记录（表2-1-7）。

表2-1-7 元器件识别与检测异常情况记录表

元器件识别与检测异常情况记录	整改措施	完成时间	备注

备注：元器件识别与检测异常情况指元器件功能不正常，数量不准确，引脚有断裂，中途有丢失等。

3）查阅相关资料和小组讨论，简述元器件识别与检测过程中应注意哪些问题。

《电子产品生产与检测》实操工卡

班级		工作卡号	SMT-02	共 6 页　第 1 页	

工卡标题	开关稳压电源组装与调试				
课程	电子产品生产与检测	工作区域		组装线	
版本	V2.1	课时		2	
组别		组员			
编写 / 修订		审核		批准	
日期		日期		日期	
工作 情境描述	某企业承接了一批开关稳压电源的组装与调试任务，请按照相应的企业生产标准完成该产品的组装与调试，实现该产品的基本功能、满足相应的技术指标，并正确填写相关技术文件或测试报告。电路装配图和实物图如图 2-2-1 和图 2-2-2 所示，教学过程采用"教、学、做一体"或实训教学模式，使学生能熟练掌握贴片元器件（SMC/SMD）的焊接要求和电路的组装工艺，掌握手工焊接贴片元器件技术，完成开关稳压电源的组装焊接，掌握电路的调试方法，完成开关稳压电源的调试任务，提高实践动手能力。				
工作目标	1. 熟练掌握手工焊接贴片元器件技术，完成开关稳压电源的组装焊接。 2. 掌握电路的调试方法，完成开关稳压电源的调试任务。				
思政元素	1. 通过开关稳压电源的组装，培养劳动光荣、劳动伟大的价值观。 2. 电路焊接和调试过程不浪费焊锡和元器件，培养节约资源意识。 3. 指导学生按照焊接步骤，依照焊接标准进行焊接，做到规范安全。				
1. 获取资讯					

引导问题 1：简述开关稳压电源组装时元器件安装应遵循什么顺序。

_____

_____

引导问题 2：简述开关稳压电源与串联稳压电源的区别和优缺点。

区别：_____

_____

_____

优缺点：_____

_____

_____

引导问题 3：简述开关稳压电源的整体工作原理。

_____

_____

过压保护原理：_____

_____

_____

《电子产品生产与检测》实操工卡

过流保护原理：_____

_____

自动稳压原理：_____

_____

引导问题 4：绘出电路空载状态下纹波电压测试方框图。

_____

_____

_____

_____

引导问题 5：空载状态下，测量输出电压的范围 V_{MAX}= _____V，V_{MIN}= _____V。

引导问题 6：调节电位器 RP，使输出为 12V，接入 100Ω 负载，经测量得该电源的波纹电压（有效值）= _____mV。

引导问题 7：现出现电路输出电压不正常故障，试使用提供的仪器设备和元器件，分析判断故障现象和故障位置，并排除故障。故障考核点（1、R1、R2、R3 损坏；2、T1 损坏；3、D1 － D4 损坏）

_____

_____

_____

_____

_____

_____

《电子产品生产与检测》实操工卡

小提示

开关稳压电源的装配图和实物图如图2-2-1、图2-2-2所示。

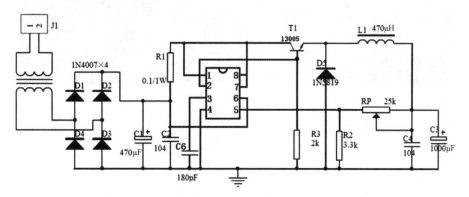

图2-2-1 开关稳压电源装配图

图2-2-2 开关稳压电源实物图

小提示

当贴片元器件焊接完成后，需对焊接质量进行检查，检查电气连接和机械特性是否可靠、牢固，焊点是否标准美观，检验标准如下：

1. 焊点应有足够的机械强度：为保证被焊件在受到振动或冲击时不至脱落、松动，要求焊点要有足够的机械强度。

2. 焊接可靠，保证焊点的电气性能：焊点应具有良好的导电性能，必须要焊接可靠，防止出现虚焊。

3. 焊点表面整齐、美观：焊点的外观应光滑、圆润、清洁、均匀、对称、整齐、美观、充满整个焊盘并与焊盘大小比例合适，即焊点应为锥形焊点。

4. 元件安装准确无误，无立碑、倾斜、移位、错件、缺件、极性焊反等现象。

满足上述4个条件的焊点才算是合格的焊点，具体如图2-2-3所示。

《电子产品生产与检测》实操工卡

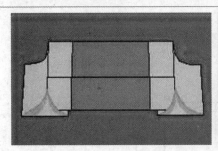 

图 2-2-3　贴片元器件标准焊点示意图

2. 列工具、设备、材料清单

根据图 2-2-1 和图 2-2-2，结合实际情况，请填写表 2-2-1 开关稳压电源安装与调试所需工具、设备、材料清单。

表 2-2-1　开关稳压电源安装与调试所需工具、设备、材料清单

类别	名称	规格型号	单位	数量	备注
设备					
设备					
工具					
工具					
工具					
工具					
工具					
材料					
材料					

3. 工作任务

1）熟练掌握手工焊接贴片元器件技术，完成开关稳压电源的组装焊接。
2）掌握开关稳压电源的工作原理和故障修理。
3）掌握电路的调试方法，完成开关稳压电源的调试任务。

4. 工作准备	工作者	检查者
1）准备好相关工具、材料、设备等。		
2）检查所需设备的好坏，确保能够正常使用。		

5. 工作步骤		工作者	检查者
1）清点和检查开关稳压电源套件的数量，元器件引脚是否损坏，如缺元器件、元器件引脚损坏等。 2）绘制电路装配图。 3）开展电路布局。	示波器的简介　　示波器的校准与读数		

《电子产品生产与检测》实操工卡

班级	工作卡号	SMT-02	共6页 第5页

4）开关稳压电源的组装焊接。		
5）开关稳压电源的调试。		
6）开关稳压电源的排故。	示波器的基本操作　　示波器的自动测量	
7）根据任务要求，小组成员之间互相设置电路故障，并分析排除故障。		
8）自由练习。		

6. 结束工作	工作者	检查者
1）进行6S整顿：清理工位上的锡渣，电烙铁、凳子摆放到位。		
2）归还相关工具、元器件。		

7. 评价反馈

1）产品验收：按照表2-2-2开关稳压电源组装与调试评分表对本任务进行评分和验收。

表2-2-2　开关稳压电源组装与调试评分表

序号	主要内容	考核要求	评分标准	配分	扣分	得分
1	装配功能	电路安装正确、功能正常，无接触不良和虚焊等现象	1. 一次通电实现全部功能得45分； 2. 安装更换或损坏元器件，每处扣3分； 3. 通电不能实现功能，元器件极性安装正确得15分； 4. 在抽考时间内排查故障，每通电一次扣3分； 5. 元器件安装错误、导线连接错误、接触不良，每处扣2分	45		
2	元件布局	元器件布局均匀合理，元件引脚跨度、安装高度等符合工艺要求	1. 电路布局不整齐，不美观，每处扣1分； 2. 元件引脚跨度长、安装高度不合适，每处扣1分	15		
3	电路布线	布线美观，横平竖直，无交叉、架空、弯曲松弛现象	1. 电路布线不美观，每处扣1分； 2. 电路交叉、架空、弯曲、松弛，每处扣1分	10		
4	焊接工艺	焊点均匀，光滑无毛刺，焊锡量适中，无连锡、少锡和虚焊等现象	1. 连锡、少锡、虚焊和漏焊，每处扣1分； 2. 焊点不光滑、有毛刺和焊锡量过多，每处扣0.5分； 3. 元器件焊错、焊盘脱落，每处扣2分	20		
5	安全文明制作	焊接工具佩戴齐全；遵守操作规程；尊重考评老师，讲文明礼貌；考场结束要清理现场	1. 各项考试中，违反安全文明生产考核要求的任何一项扣2分，扣完为止； 2. 考生在不同的技能试题中，违反安全文明生产考核要求同一项内容的，要累计扣分； 3. 当考评老师发现考生有重大事故隐患时，要立即予以制止，每次扣考生安全文明生产5分	10		
	合计			100		
	考评老师签字：			年　月　日		

2）电路组装与调试异常情况记录（表2-2-3）。

表2-2-3 电路组装与调试异常情况记录表

电路组装与调试异常情况记录	整改措施	完成时间	备注

备注：电路组装与调试异常情况指电路功能不正常、焊接错误、烧坏元器件、调试方法或步骤不正确、中途有丢失等。

3）查阅相关资料和小组讨论，简述电路组装与调试过程中应注意哪些问题。

随手笔记

《电子产品生产与检测》实操工卡

工卡标题	贴片元器件焊接				
课程	电子产品生产与检测		工作区域		前执锡线
版本	V2.1		课时		4
组别			组员		
编写/修订		审核		批准	
日期		日期		日期	
工作情境描述	电子产品生产基地承接了一批 M4-001 系列倒车雷达的 SMT 生产任务，请按照企业 SMT 生产线关于倒车雷达主板产品质量的要求，完成贴片 IC 芯片、贴片二极管、三极管焊接和贴片阻容器件焊接与修理生产任务，并正确填写相关技术文件或生产报告。教学过程采用实训教学模式，使学生熟练掌握贴片元器件焊接技术与工艺。				
工作目标	1. 熟练掌握贴片元器件焊接技术与工艺。 2. 掌握企业级焊接技术和工艺要求。 3. 完成贴片 IC 芯片、贴片二极管、二极管焊接和贴片阻容器件焊接与修理生产任务。				
思政目标	1. 通过贴片元器件的焊接，培养学生严谨、细心、追求高效、精益求精的工匠精神。 2. 指导学生按焊接步骤，依照焊接标准进行焊接，不浪费焊锡和元器件，培养学生节约资源意识，做到规范安全。				
1. 获取资讯					

引导问题 1：简述贴片 IC 芯片拆焊步骤、焊接步骤及注意事项。

拆焊步骤：_____

_____

焊接步骤：_____

_____

注意事项：_____

_____

引导问题 2：简述拖焊技术要领和注意事项。

_____

_____

引导问题 3：使用恒温焊台进行手工焊接时，焊接温度应设置 _____℃，

焊接时间为 _____s。简述恒温焊台使用注意事项。

_____

_____

引导问题 4：简述贴片元器件焊接连锡的形成原因与解决方法。

形成原因：_____

_____

《电子产品生产与检测》实操工卡

解决方法：_____

_____

引导问题5：简述焊接过程中的铜箔翘起（焊盘脱落）原因与解决方法。

形成原因：_____

_____

解决方法：_____

_____

小提示

当贴片元器件焊接完成后，需对焊接质量进行检查，检查电气连接和机械特性是否可靠、牢固，焊点是否标准美观，检验标准如下：

1. 焊点应有足够的机械强度：为保证被焊件在受到振动或冲击时不至脱落、松动，要求焊点要有足够的机械强度。

2. 焊接可靠，保证焊点的电气性能：焊点应具有良好的导电性能，必须要焊接可靠，防止出现虚焊。

3. 焊点表面整齐、美观：焊点的外观应光滑、圆润、清洁、均匀、对称、整齐、美观、充满整个焊盘并与焊盘大小比例合适，即焊点应为锥形焊点。

4. 元器件安装准确无误，无立碑、倾斜、移位、错件、缺件、极性焊反等现象。

满足上述4个条件的焊点才算是合格的焊点，具体如图2-3-1所示。

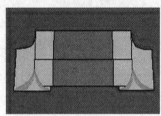

图 2-3-1　贴片元器件标准焊点示意图

小提示

倒车雷达主板主要贴片元器件焊接练习点实物图如图2-3-2所示。

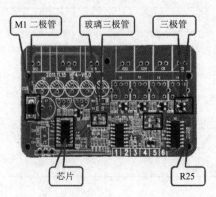

图 2-3-2　倒车雷达主板主要贴片元器件焊接练习点实物图

《电子产品生产与检测》实操工卡

班级		工作卡号	SMT-03	共5页　第3页	

2. 列工具、设备、材料清单

根据贴片元器件焊接工作要求，结合实际生产要求，请填写表2-3-1贴片元器件焊接所需工具、设备、材料清单

表2-3-1　贴片元器件焊接所需工具、设备、材料清单

类别	名称	规格型号	单位	数量	备注
设备					
设备					
材料					
材料					
工具					
工具					
工具					
工具					
工具					

3. 工作任务

1）熟练掌握贴片元器件焊接技术与工艺。
2）掌握企业级焊接技术和工艺要求。
3）完成贴片IC芯片、贴片二极管、三极管焊接和贴片阻容器件焊接与修理生产任务。

4. 工作准备

	工作者	检查者
1）焊接开始前，组长协助老师准备好相关工具、材料、设备等。		
2）检查工具、设备是否齐全，恒温焊台能否正常加热。		
3）检查倒车雷达贴片练习板，是否符合焊接要求。		

5. 工作步骤

		工作者	检查者
1）恒温焊台的开机温度设定为300～350℃。			
2）贴片元器件焊接。主要包含以下内容：阻容器件、二极管、三极管的拆卸与焊接；多引脚元器件（贴片IC芯片）的拆卸与焊接。	恒温焊台的使用　电烙铁——芯片的拆卸与焊接		
3）手工拆卸一个IC芯片，再重新安装上去。			
4）手工拆卸一个M1整流二极管和一个玻璃二极管，再重新安装上去。	电烙铁——二极管的拆卸与焊接　电烙铁——三极管的拆卸与焊接		
5）手工拆卸一个三极管，再重新安装上去（加分项）。	电烙铁——0603阻容元器件的拆卸与焊接		
6）手工拆卸R25电阻，再重新安装上去（加分项）。			

《电子产品生产与检测》实操工卡

班级		工作卡号	SMT-03	共 5 页　第 4 页

6. 结束工作	工作者	检查者
1）进行 6S 整顿：清理工位上的锡渣，电烙铁、凳子摆放到位。		
2）归还相关工具、元器件。		

7. 评价反馈		

1）产品验收：指导老师填写表 2-3-2 贴片元器件焊接验收标准及评分表，对贴片元器件焊接的产品进行现场验收。

表 2-3-2　贴片元器件焊接验收标准及评分表

序号	主要内容	考核要求	评分标准	配分	扣分	得分
1	芯片的拆卸与焊接	芯片有方向性，焊接时极性不应焊反；没有连锡、少锡、偏移、浮高等现象；芯片引脚无弯曲、变形或断裂，焊盘无脱落	1．连锡、少锡、偏移、浮高和漏焊，每处扣 2 分； 2．元器件焊错、焊点不光滑、有毛刺和焊锡量过多，每处扣 2 分； 3．元器件极性焊反，每处扣 2 分； 4．元器件引脚变形或断裂，每处扣 2 分； 5．焊盘脱落，每处扣 10 分	35		
2	二极管、三极管的拆卸与焊接	元器件有方向性，焊接时极性不应焊反；没有连锡、少锡、偏移、浮高等现象；元器件引脚无弯曲、变形或断裂，焊盘无脱落	1．连锡、少锡、偏移、浮高和漏焊，每处扣 2 分； 2．元器件焊错、焊点不光滑、有毛刺和焊锡量过多，每处扣 2 分； 3．元器件极性焊反，每处扣 2 分； 4．元器件引脚变形或断裂，每处扣 2 分； 5．焊盘脱落，每处扣 10 分	25		
3	阻容元器件的拆卸与焊接	焊点均匀，光滑无毛刺，焊锡量适中，无连锡、少锡和虚焊等现象	1．连锡、少锡、虚焊和漏焊，每处扣 2 分； 2．元器件焊错、焊点不光滑、有毛刺和焊锡量过多，每处扣 2 分； 3．焊盘脱落，每处扣 10 分	20		
4	完成情况	任务完成情况；焊接质量是否符合要求	1．完成芯片的拆卸与焊接且焊接质量符合要求得 4 分； 2．完成二极管、三极管的拆卸与焊接且焊接质量符合要求得 3 分； 3．完成阻容元器件的拆卸与焊接且焊接质量符合要求得 3 分	10		
5	安全文明制作	焊接工具佩戴齐全；遵守操作规程；尊重考评老师，讲文明礼貌；考场结束要清理现场	1．各项考试中，违反安全文明生产考核要求的任何一项扣 2 分，扣完为止； 2．考生在不同的技能试题中，违反安全文明生产考核要求同一项内容的，要累计扣分； 3．当考评老师发现考生有重大事故隐患时，要立即予以制止，每次扣考生安全文明生产 5 分	10		
合计				100		
考评老师签字：				年　月　日		

《电子产品生产与检测》实操工卡

2）贴片元器件焊接过程异常情况记录（表2-3-3）。

表2-3-3　贴片元器件焊接过程异常情况记录表

贴片元器件焊接过程异常情况记录	整改措施	完成时间	备注

备注：贴片元器件焊接过程异常情况指元器件和工具丢失、引脚断裂、焊盘脱落、仪器损坏等。

3）查阅相关资料和小组讨论，简述贴片元器件焊接生产过程中应注意哪些问题，如何提高焊接质量和速度。

_____

_____

_____

_____

_____

_____

_____

随手笔记

随手笔记

《电子产品生产与检测》实操工卡

班级		工作卡号	SMT-04	共 4 页　第 1 页	

工卡标题		锡膏印刷机操作			
课程	电子产品生产与检测	工作区域		SMT 线	
版本	V2.1	课时		6	
组别		组员			
编写 / 修订		审核		批准	
日期		日期		日期	
工作情境描述	某企业承接了一批倒车雷达主板的 SMT 组装任务，请按照企业生产标准完成该产品 SMT 生产中的锡膏印刷任务，印刷产品质量要求符合标准，印刷合格后进入贴片工序，进行贴片。				
工作目标	1. 掌握锡膏的储存和使用。 2. 掌握印刷机的生产工艺流程和注意事项。 3. 熟练掌握印刷机的操作，印刷质量符合企业标准要求。				
思政目标	1. 通过锡膏印刷机的操作，使学生养成良好、规范的操作习惯，培养学生的规范意识和安全意识。 2. 工作完成后，按照 6S 管理要求工位整理、整顿、清洁、清扫，养成良好的劳动态度。 3. 指导学生做好生活垃圾、焊锡膏等的分类存放，定置处理，避免造成环境污染，提高学生的环保意识。				

1. 获取资讯

引导问题 1：简述印刷机的功能作用。

_____

_____

_____

引导问题 2：简述锡膏印刷生产工艺流程和注意事项。

_____

_____

_____

_____

引导问题 3：锡膏的储存温度为 _____℃，湿度为 _____。

引导问题 4：名称解释

SMT：_____　　SMC：_____

SMD：_____　　钢网：_____

锡膏：_____

引导问题 5：简述锡膏印刷连锡的形成原因及解决方法。

_____

_____

_____

《电子产品生产与检测》实操工卡

小提示

锡膏印刷完成后，应检查印刷质量是否合格，具体检验标准见表 2-4-1。

表 2-4-1 锡膏印刷质量检验标准

理 想	允 收	拒 收
1. 锡膏印刷无偏移； 2. 锡膏完全覆盖焊盘； 3. 锡膏成形佳，无塌陷断裂； 4. 锡膏厚度满足测试要求	1. 印刷偏移量少于 15%； 2. 有 85% 以上锡膏覆盖焊盘； 3. 锡膏量均匀且成形佳； 4. 锡膏厚度符合规格要求	1. 印刷偏移量大于 15%； 2. 锡膏覆盖焊盘小于 85%； 3. 锡膏厚度不符合规格要求
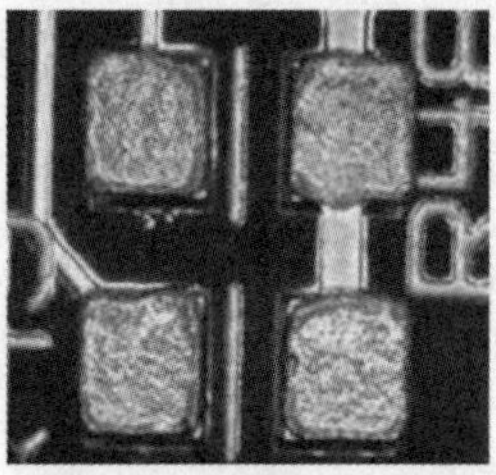	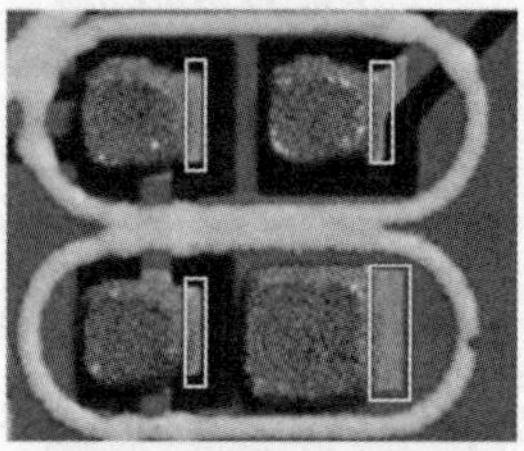	
	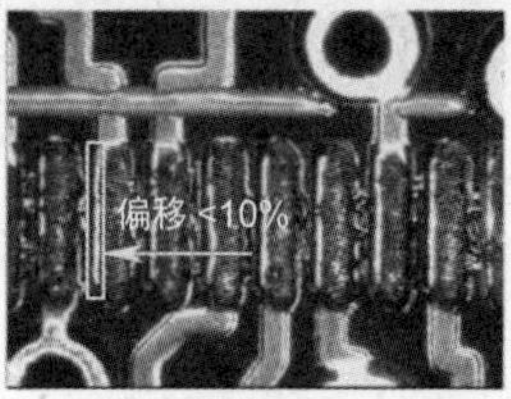	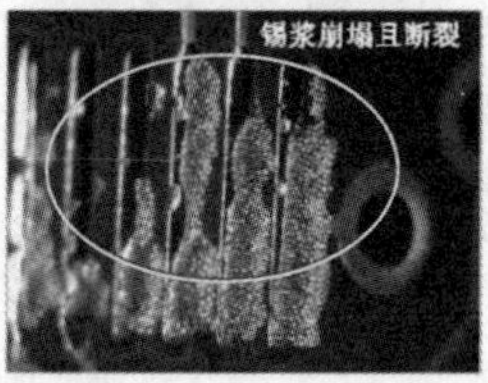

2. 列工具、设备、材料清单

根据印刷机操作实际生产情况，请写表 2-4-2 印刷机操作所需工具、设备、材料清单。

表 2-4-2 印刷机操作所需工具、设备、材料清单

类别	名称	规格型号	单位	数量	备注
设备					
设备					
材料					
材料					
材料					
工具					
工具					
工具					

《电子产品生产与检测》实操工卡

3. 工作任务

1）熟悉锡膏的使用与储存方法。
2）掌握印刷机的操作流程和锡膏印刷工艺标准。
3）能够独立操作印刷机进行生产实训。

4. 工作准备	工作者	检查者
1）准备好相关工具、材料、设备等。		
2）检查锡膏的回温时间和印刷机的工作状态。		
3）检查设备气压是否为 0.5MPa。 工作准备		

5. 工作步骤	工作者	检查者
1）搅拌锡膏：戴上手套搅拌锡膏（搅拌时间约为 5min），搅拌完后，把锡膏加在钢网最左端或最右端，注意不要堵孔。 搅拌锡膏		
2）顶针和钢网的安装：根据 PCB 板的大小，合理安装顶针；选择与 PCB 对应的钢网安装。顶针和钢网安装完后，应进行校准，以检验顶针支撑是否合适，钢网是否对正。 锡膏印刷		
3）调节参数：印刷机选择半自动印刷模式，进行印刷。		
4）锡膏印刷：把 PCB 板固定在定位台上，操作印刷机，进行锡膏印刷。		
5）检查锡膏印刷质量：印刷完后，检查锡膏印刷质量，印刷合格的 PCB 板，传输至贴片机，进行贴片，印刷不合格 PCB 板用酒精进行洗板，之后重复第2、3步。 印刷质量检查		
6）结束并清洗钢网：锡膏印刷完后，将未使用完的锡膏装入瓶子，并放入冰箱保存，之后用酒精清洗钢网，并用气枪吹干，防止堵孔。		
小提示：锡膏印刷操作是一个熟能生巧的工作，印刷时，应多看、多练习，才能掌握其中的技巧。 结束并清洗钢网		

6. 结束工作	工作者	检查者
1）把未使用完的锡膏回收装入瓶内，并存入冰箱。		
2）用酒精清洗刮刀和钢网，并进行 6S 整顿。		
3）归还相关工具、材料，关闭印刷机电源。		

7. 评价反馈

1）产品验收。锡膏操作人员填写表2-4-3倒车雷达主板锡膏生产验收标准及评分表，对已印刷完的产品进行现场验收。

表 2-4-3　倒车雷达主板锡膏生产验收标准及评分表

序号	验收项目	验收标准	评分细则	配分	扣分	得分
1	连锡	印刷质量符合企业标准要求，连续印刷 3 块板，连锡数量少于 2 个；锡膏厚度满足测试要求	1. 连锡数量少于 2 个，每多一处扣 2 分； 2. 由于连锡过多，造成电路板洗板，每次扣 10 分	30		

《电子产品生产与检测》实操工卡

序号	验收项目	验收标准	评分细则	配分	扣分	得分
2	少锡	印刷质量符合企业标准要求，连续印刷 3 块板，少锡数量少于 2 个；锡膏完全覆盖焊盘；锡膏成形佳，无塌陷断裂	1. 连锡数量少于 2 个，每多一处扣 2 分； 2. 由于大量少锡，造成电路板洗板，每次扣 10 分	20		
3	偏移	锡膏印刷无偏移或偏移量少于 15%；锡膏印刷偏移量大于 15% 时为不合格	1. 偏移数量少于 2 个，每多一处扣 1 分； 2. 由于锡膏印刷偏移量大于 15% 时，造成电路板洗板，每次扣 10 分	30		
4	任务完成情况	按时按量完成锡膏印刷生产任务	应按时按量完成锡膏印刷生产任务，每超时 2 分钟，扣 1 分	10		
5	安全文明制作	严格按照工卡作业；遵守操作规程；尊重考评老师，讲文明礼貌；考场结束要清理现场	1. 各项考试中，违反安全文明生产考核要求的任何一项扣 2 分，扣完为止； 2. 当考评老师发现考生有重大事故隐患时，要立即予以制止，每次扣考生安全文明生产 5 分	10		
合计				100		
印刷操作人员签字：					年　月　日	

2）锡膏印刷生产过程异常情况记录（表 2-4-4）。

表 2-4-4　锡膏印刷生产过程异常情况记录表

锡膏印刷生产过程异常情况记录	整改措施	完成时间	备注

备注：锡膏印刷生产过程异常情况指大面积连锡、少锡和偏移等，造成洗板。

3）查阅相关资料和小组讨论，简述锡膏印刷机的分类，手动印刷机、半自动印刷机和全自动印刷机各自的应用领域和优缺点。

_____

_____

_____

_____

_____

《电子产品生产与检测》实操工卡

班级		工作卡号	SMT-05	共 4 页　第 1 页	

工卡标题	回流焊机操作				
课程	电子产品生产与检测		工作区域		插件线
版本	V2.1		课时		6
组别			组员		
编写/修订		审核		批准	
日期		日期		日期	
工作情境描述	某企业承接了一批倒车雷达主板的 SMT 组装任务，请按照企业生产标准完成该产品 SMT 生产的回流焊接任务，回流焊接产品质量要求符合标准，满足相应的技术指标，并正确填写相关技术文件。				
工作目标	1. 了解回流焊的生产工艺流程和注意事项。 2. 能够掌握回流焊机的基本操作，焊接质量符合企业标准要求。 3. 掌握回流焊过程中常见质量缺陷和工艺改进方法。 4. 掌握回流焊温度曲线的测试和各温区温度设置。				
思政目标	1. 通过锡膏印刷机的操作，使学生养成良好、规范的操作习惯，培养学生的规范意识和安全意识。 2. 工作完成后，按照 6S 管理要求工位整理、整顿、清洁、清扫，养成良好的劳动态度。				

1. 获取资讯

引导问题 1：简述回流焊的功能作用。

_____

_____

_____

_____

引导问题 2：分析回流焊温度曲线，简述各温区的作用。

_____

_____

_____

_____

引导问题 3：回流焊预热区温度范围为 _____ ℃，回流区温度范围为 _____ ℃。

引导问题 4：简述回流焊接立碑的形成原因及解决方法。

_____

_____

_____

_____

《电子产品生产与检测》实操工卡

引导问题 5：简述回流焊接锡珠的形成原因及解决方法。

_____

_____

_____

2. 列工具、设备、材料清单

根据回流焊操作实际生产情况，请填写表 2-5-1 回流焊操作所需工具、设备、材料清单。

表 2-5-1　回流焊操作所需工具、设备、材料清单

类别	名称	规格型号	单位	数量	备注
设备					
设备					
材料					
材料					
材料					
工具					
工具					
工具					

3. 工作任务

1）熟悉回流焊的温度曲线及其对回流焊接质量的影响。
2）掌握回流焊机的操作流程和锡膏印刷工艺标准。
3）能够独立操作回流焊机进行生产实训。

4. 工作准备	工作者	检查者
1）准备好相关工具、材料、设备等。		
2）检查输送带是否有异物卡住，检查各传动轴承的润滑情况，检查传动链条是否加高温润滑油，检查外部排风管道是否畅通。		
3）清点工具、材料、设备，回流焊做好开机前准备。		

5. 工作步骤	工作者	检查者
1）启动硬件设备：硬件开机顺序为：合上总电源开关→电控开关置于 ON 处→按下启动按钮开关→工控计算机开机→自动启动进入计算机桌面→硬件开机完成。		
2）启动应用软件：回流焊硬件开机完成后，启动应用软件，进入回流焊软件开机操作。		
3）工控计算机开机后，找到桌面图标 ReflowWelder，双击该图标，稍等片刻，监控程序将运行。	回流焊机的操作	
4）双击 ReflowWelder 图标后，将出现登录界面。该界面主要是要求客户输入密码才能进入监控程序。用户账户选择 administrator，初始密码为 666666。		
5）在登录后，将出现主控制界面。该界面将实行操作回流焊的监控。		

6）在回流焊监控界面，首先打开传送带为 ON →其次上运风、下运风为 ON →上温区、下温区为 ON →等待机器正常升温，升温时间约 30min。

6. 结束工作	工作者	检查者

1）回流焊接生产完成后，关闭回流焊接。关机方法：在回流焊监控界面，单击"文件"→"自动关机"，等待回流焊温度降到 100℃以下，会自动断电。注意事项：切不可直接关闭电源，强行关机，以免损坏回流焊机。

2）清点工具，仔细按照工卡清单上的工具进行清点，确定没有遗失后，清扫现场。

3）归还相关工具、材料。

7. 评价反馈

1）产品验收：回流焊操作人员填写表 2-5-2 倒车雷达主板回流焊生产验收标准及评分表，对已回流焊完的产品进行现场验收。

表 2-5-2　倒车雷达主板回流焊生产验收标准及评分表

序号	验收项目	验收标准	评分细则	配分	扣分	得分
1	连锡少锡	焊点均匀、饱满、光滑，无连锡、少锡等现象	1. 连锡、少锡，每处扣 2 分； 2. 焊点不光滑、有毛刺和焊锡量过多，每处扣 2 分	30		
2	立碑偏移	所有元器件安装应平贴 PCB 板，无立碑现象且元器件偏移小于 15%	1. 元器件立碑，每处扣 3 分； 2. 元器件偏移大于 15%，每处扣 2 分	20		
3	缺件错件	所有元器件安装正确，无缺件、错件和极性反等现象	1. 元器件有缺件，每处扣 2 分； 2. 元器件有错件、极性反，每处扣 3 分	30		
4	任务完成情况	按时按量完成回流焊生产任务	应按时按量完成回流焊接生产任务，每超时 2 分钟，扣 1 分	10		
5	安全文明制作	严格按照工卡作业；遵守操作规程；尊重考评老师，讲文明礼貌；考场结束要清理现场	1. 各项考试中，违反安全文明生产考核要求的任何一项扣 2 分，扣完为止； 2. 当考评老师发现考生有重大事故隐患时，要立即予以制止，每次扣考生安全文明生产 5 分	10		
合计				100		
浸焊操作人员签字：				年　　月　　日		

2）回流焊接生产过程异常情况记录（表 2-5-3）。

表 2-5-3　回流焊接生产过程异常情况记录表

回流焊接生产过程异常情况记录	整改措施	完成时间	备注

备注：回流焊接生产过程异常情况指大面积连锡、少锡、立碑和偏移，或者焊点无光泽、烧坏电路板等。

《电子产品生产与检测》实操工卡

3）查阅相关资料和小组讨论，将回流焊与浸焊进行对比，各自的应用领域和优缺点。

随手笔记

《电子产品生产与检测》实操工卡

班级		工作卡号	I&R-01		共 5 页　第 1 页

工卡标题		示波器和信号发生器的使用			
课程	电子产品生产与检测		工作区域		检测线
版本	V2.1		课时		2
组别			组员		
编写 / 修订		审核		批准	
日期		日期		日期	
工作情境描述	观看示波器和信号发生器的使用视频，掌握示波器和信号发生器的使用，了解示波器和信号发生器等仪器仪表的维护和注意事项。				
工作目标	1. 掌握示波器、信号发生器的使用方法和注意事项。 2. 了解示波器、信号发生器的维护和保养方法。				
思政目标	1. 仪器设备的使用，首先要确保用电安全，避免人身伤害和设备损坏，提高学生的安全意识。 2. 通过示波器和信号发生器的使用，培养学生严谨、细心、专注的职业素养。				

1. 获取资讯

引导问题 1：简述示波器的功能和作用。

_____

_____

_____

引导问题 2：简述信号发生器的功能和作用。

_____

_____

_____

引导问题 3：简述示波器和信号发生器以下按键的作用。

AUTO 键：_____

POSITION 旋钮：_____

SCALE 旋钮：_____

Measure 键：_____

Output 键：_____

CH1/CH2 键：_____

引导问题 4：使用示波器的自动测量功能，测量波形的峰峰值和频率，简述其操作步骤。

测量波形峰峰值的步骤：_____

_____

_____

《电子产品生产与检测》实操工卡

测量波形频率的步骤：

引导问题5：使用信号发生器产生一个周期为0.01s，幅值为2V的正弦波，并从CH2通道输出，简述其操作步骤。

小提示　DS1072E-EDU 型数字示波器前面板及各模块功能介绍如图3-1-1所示。

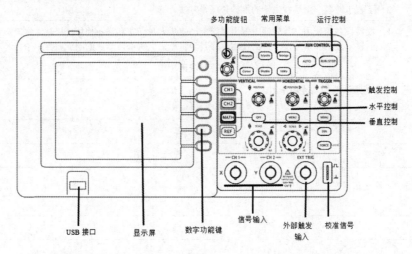

图 3-1-1　DS1072E-EDU 型数字示波器前面板及各模块功能介绍

小提示　DG1022 型函数信号发生器前面板及各模块功能介绍如图3-1-2所示。

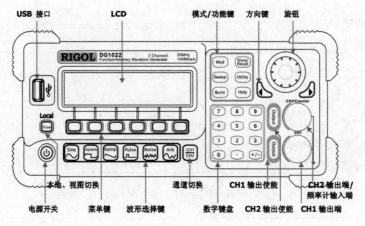

图 3-1-2　DG1022 型函数信号发生器前面板及各模块功能介绍

《电子产品生产与检测》实操工卡

2. 列工具、设备、材料清单

根据示波器和信号发生器的使用,结合实际情况,请填写表 3-1-1 示波器和信号发生器的使用所需工具、设备、材料清单。

表 3-1-1　示波器和信号发生器的使用所需工具、设备、材料清单

类别	名称	规格型号	单位	数量	备注
设备					
设备					
工具					
工具					
工具					
材料					
材料					

3. 工作任务

1)数字示波器的使用。
2)信号发生器的使用。
3)由信号发生器产生任意频率、幅度的波形,并用数字示波器观察和测量。

4. 工作准备	工作者	检查者
1)准备好相关工具、材料、设备等。		
2)检查所需设备的好坏,确保能够正常使用。		

5. 工作步骤	工作者	检查者
1)熟悉示波器控制面板和显示屏各模块的功能作用。		
2)示波器的校准与读数。 把信号线的正极接示波器校准信号端,之后按 AUTO 键(自动扫描),示波器显示屏显示一个方波信号,调节相应的功能旋钮,完成校准。读数方法:幅值 =CH1/2 的值 × 格子数,频率 =Time 值 × 格子数。 示波器的校准与读数　示波器的基本操作　示波器的自动测量 3)示波器 Measure 功能的使用。 示波器校准后,按 Measure 功能键,弹出 Measure 功能菜单,选择电压测量、时间测量,可以直接读出波形的频率、周期、最大值、最小值、幅值等波形参数,便于直接观察波形。 信号发生器的基本操作		
4)熟悉信号发生器控制面板和显示屏各模块的功能作用。		
5)信号发生器的设置。 设置信号的波形、频率、幅值等参数,并输出用示波器观察。		
6)由函数信号发生器产生任意频率、幅度的波形,并用数字示波器观察和测量。		

《电子产品生产与检测》实操工卡

7）任务练习

a. 使用函数信号发生器产生一个 15kHz、100mV 的正弦波，并用示波器观察、读数，填写表 3-1-2。

信号发生器的
操作示范

表 3-1-2　示波器和信号发生器数据填写

信号发生器设置			示波器读数							
波形	频率	幅度	幅度格子数	CH1 值	幅度读数值	周期格子数	Time 值	周期读数值	幅值 Vamp	频率 Freq

b. 用函数信号发生器产生一个 200Hz、2.6V 的方波，并用示波器观察、读数，填写表 3-1-3。

表 3-1-3　示波器和信号发生器数据填写

信号发生器设置			示波器读数							
波形	频率	幅度	幅度格子数	CH1 值	幅度读数值	周期格子数	Time 值	周期读数值	幅值 Vamp	频率 Freq

6. 结束工作	工作者	检查者
1）进行 6S 整顿。		
2）归还相关工具、设备。		

7. 评价反馈

1）产品验收：按照表 3-1-4 示波器和信号发生器的使用评分表对本任务进行评分和验收。

表 3-1-4　示波器和信号发生器的使用评分表

序号	主要内容	考核要求	评分标准	配分	扣分	得分
1	仪器功能检测	正确检查、判断示波器和信号发生器的功能好坏；正确检查、判断信号线的好坏	1. 不能正确检查示波器、信号发生器的功能，每处扣 2 分； 2. 不能正确判断示波器和信号发生器是否正常，每处扣 2 分； 3. 不能正确判断信号线的好坏，每处扣 2 分	10		
2	示波器的使用	示波器的校准与读数；正确使用示波器的控制按键；正确使用 Measure 键自动测量功能	1. 示波器的校准与读数操作不正确，每处扣 2 分； 2. 示波器的控制按键不会使用或不熟练，每处扣 2 分； 3. Measure 键自动测量功能不会使用或不熟练，每处扣 2 分； 4. 示波器操作不熟练，酌情扣 2～5 分	35		
3	信号发生器的使用	正确使用信号发生器的控制按键；熟练掌握信号发生器的使用	1. 信号发生器的控制按键不会使用或不熟练，每处扣 2 分； 2. 信号发生器波形参数设置不会或不熟练，每处扣 2 分； 3. 信号发生器操作不熟练，酌情扣 2～5 分	25		

《电子产品生产与检测》实操工卡

序号	主要内容	考核要求	评分标准	配分	扣分	得分
4	设备联调	能使用信号发生器产生信号并用示波器观察、读数	1. 信号发生器波形参数设置不会或不熟练,每处扣2分; 2. 示波器无法观察或读数,每处扣2分	20		
5	安全文明生产	严格按照工卡作业;遵守操作规程;尊重考评老师,讲文明礼貌;考核结束要清理现场	1. 各项考试中,违反安全文明生产考核要求的任何一项扣2分,扣完为止; 2. 当考评老师发现考生有重大事故隐患时,要立即予以制止,每次扣考生安全文明生产5分	10		
	合计			100		
	考评老师签字:			年 月 日		

2)示波器、信号发生器使用过程异常情况记录(表3-1-5)。

表3-1-5 示波器、信号发生器使用过程异常情况记录表

示波器、信号发生器使用过程异常情况记录	整改措施	完成时间	备注

备注:示波器、信号发生器使用过程异常情况指仪器设备无法使用、信号线损坏等。

3)查阅相关资料和小组讨论,简述示波器和信号发生器使用过程中应注意哪些问题。

_____

_____

_____

_____

_____

_____

_____

_____

_____

_____

随手笔记

《电子产品生产与检测》实操工卡

班级		工作卡号	I&R-02	共4页 第1页	

工卡标题	HF 系列倒车雷达主板专用测试架的使用				
课程	电子产品生产与检测	工作区域	检测线		
版本	V2.1	课时	2		
组别		组员			
编写 / 修订		审核		批准	
日期		日期		日期	
工作情境描述	某企业承接了一批 HF 系列倒车雷达主板的检测任务，请按照相应的企业生产标准完成该产品的检测，使该产品的功能满足相应的技术指标，并正确填写相关技术文件或测试报告。使学生掌握电子产品质量检测的常用方法与技巧，了解电子产品生产企业的质量管理模式以及产品质量检测的工艺流程，并能够独立完成倒车雷达主板的质量检测任务。				
工作目标	1. 掌握电子产品质量检测的常用方法与技巧。 2. 了解电子产品生产企业的质量管理模式以及产品质量检测的工艺流程。 3. 能够独立完成倒车雷达主板的质量检测任务。 4. 能够独立完成其他小型电子产品的质量检测。				
思政目标	1. 仪器设备的使用，首先要确保用电安全，避免人身伤害和设备损坏，提高学生的安全意识。 2. 通过倒车雷达主板专用测试架的使用，培养学生严谨、细心、专注的职业素养。				

1. 获取资讯

引导问题 1：电子产品故障检测的方法有哪几种？

_____

_____

引导问题 2：什么是电阻检测法？请简述电阻检测法的技巧。

电阻检测法：_____

_____

_____

电阻检测法技巧：_____

_____

_____

引导问题 3：什么是电压检测法？请简述电压检测法的技巧。

电压检测法：_____

_____

_____

电压检测法技巧：_____

_____

_____

《电子产品生产与检测》实操工卡

班级		工作卡号	I&R-02	共4页 第2页

引导问题4：简述 HF 系列倒车雷达专用测试架使用注意事项。

_____

_____

_____

_____

_____

2. 列工具、设备、材料清单

根据 HF 系列倒车雷达主板专用测试架的使用，结合实际情况，请填写表 3-2-1 HF 系列倒车雷达主板专用测试架的使用所需工具、设备、材料清单。

表 3-2-1　HF 系列倒车雷达主板专用测试架的使用所需工具、设备、材料清单

类别	名称	规格型号	单位	数量	备注
设备					
设备					
工具					
工具					
工具					
材料					
材料					

3. 工作任务

1）掌握倒车雷达主板专用测试架的使用。
2）掌握倒车雷达功能测试方法和步骤。
3）检测数据的统计及其准确性。

4. 工作准备	工作者	检查者
1）准备好相关工具、材料、设备等。		
2）检查测试架能否正常使用。		

5. 工作步骤	工作者	检查者
1）从 QC 或组长处取板后，摆放整齐，准备相关工具待测。		
2）接通电源，测试架自检，液晶屏显示 16 个 "1"。		
3）测试操作前，请佩戴好静电手环。		
4）把待测电路板放置在测试架上，对准定位孔摆放平整，有排插的一边朝自己，然后下压测试手柄，进行测试。		

倒车雷达测试架的使用

12-2

《电子产品生产与检测》实操工卡

5）合格板：测试架长鸣一声且液晶屏16个"1"全变为"0"，表示为合格板，合格板用白色托盘摆放整齐。

6）不合格板：测试架无长鸣声且液晶屏16"1"不全变为"0"，表示为不合格板，不合格板用标签纸贴好，按相应代码摆在上方故障板区域。

说明：16个"1"中，哪个"1"没有变成"0"，表示为几号故障，如第六个"1"未变成"0"，表示为"6"故障，若有多个"1"未变成"0"，则表示为多功能故障，按照故障代码表可进行相应故障的维修。

7）统计检测数据，包含直通率、合格率、不合格率等，注意其数据的准确性。

6. 结束工作	工作者	检查者
1）合格品与不合格品分类要仔细，注意不能放错，测试后的电路板要摆放整齐。		
2）整理数据，关闭测试架电源。		
3）进行6S整顿，归还相关工具。		

7. 评价反馈

1）产品验收：按照表3-2-2倒车雷达专用测试架的使用评分表对本任务进行评分和验收。

表3-2-2 倒车雷达专用测试架的使用评分表

序号	主要内容	考核要求	评分标准	配分	扣分	得分
1	仪器功能检测	正确检查、判断倒车雷达专用测试架的功能好坏	1. 不能正确检查倒车雷达专用测试架的功能，每处扣2分； 2. 不能正确判断倒车雷达专用测试架的是否正常，每处扣2分	15		
2	测试架的使用	正确使用倒车雷达专用测试架	1. 测试架的使用方法不正确或不熟练，每处扣2分； 2. 无法区别合格板、故障板，每处扣2分； 3. 测试工位操作不熟练，酌情扣2～5分	50		
3	统计检测数据	正确统计检测数据，包含直通率、合格率、不合格率和检测总数等	1. 数据统计缺项，每处扣2分； 2. 数据统计不认真、不准确、不完善，每处扣2分	25		
4	安全文明生产	严格按照工卡作业；遵守操作规程；尊重考评老师，讲文明礼貌；考核结束要清理现场	1. 各项考试中，违反安全文明生产考核要求的任何一项扣2分，扣完为止； 2. 当考评老师发现考生有重大事故隐患时，要立即予以制止，每次扣考生安全文明生产5分	10		
		合计		100		
		考评老师签字：		年 月 日		

2）HF系列倒车雷达专用测试架使用过程异常情况记录（表3-2-3）。

《电子产品生产与检测》实操工卡

表 3-2-3　HF 系列倒车雷达专用测试架使用过程异常情况记录表

HF 系列倒车雷达专用测试架使用过程异常情况记录	整改措施	完成时间	备注

备注：HF 系列倒车雷达专用测试架使用过程异常情况指仪器设备无法使用、顶针接触不良或连续报同一故障代码等。

3）查阅相关资料和小组讨论，简述倒车雷达测试架使用过程中应注意哪些问题。

_____

_____

_____

_____

_____

_____

随手笔记

《电子产品生产与检测》实操工卡

工卡标题	倒车雷达主板信号源故障 T11 代码维修				
课程	电子产品生产与检测		工作区域	维修线	
版本	V2.1		课时	2	
组别			组员		
编写 / 修订		审核		批准	
日期		日期		日期	
工作情境描述	某企业承接了一批 HF 系列倒车雷达主板的维修任务，请按照相应的企业生产标准完成该产品的维修，恢复该产品的功能，满足相应的技术指标，并正确填写相关技术文件或测试报告。使学生掌握电子产品维修的常用方法与技巧，能够独立完成倒车雷达主板的常见故障维修任务，能够独立完成其他小型电子产品的常见故障维修任务。				
工作目标	1. 掌握电子产品维修的常用方法与技巧。 2. 能够独立完成倒车雷达主板的常见故障维修任务。 3. 能够独立完成其他小型电子产品的常见故障维修任务。 4. 能够在技术人员指导下完成大型电子产品的质量检测与维修任务。				
思政目标	1. 通过倒车雷达主板的故障维修，培养学生的质量意识和风险意识。 2. 通过企业真实产品的故障维修案例，培养学生的成本意识和责任意识。				

1. 获取资讯

引导问题 1：简述倒车雷达主板 T31 故障的维修方法。

_____

_____

_____

引导问题 2：简述倒车雷达主板 T42 故障的维修方法。

_____

_____

_____

_____

引导问题 3：简述使用数字示波器测量 40kHz 信号的步骤和注意事项。

数字示波器测量 40kHz 信号的步骤：_____

_____

_____

注意事项：_____

_____

《电子产品生产与检测》实操工卡

引导问题 4：浅谈提高产品质量对企业形象塑造的影响。

_____

_____

_____

_____

2. 列工具、设备、材料清单

根据倒车雷达主板信号源故障维修，结合实际情况，请填写表 3-3-1 倒车雷达主板信号源故障维修所需工具、设备、材料清单。

表 3-3-1　倒车雷达主板信号源故障维修所需工具、设备、材料清单

类别	名称	规格型号	单位	数量	备注
设备					
设备					
工具					
工具					
工具					
材料					
材料					

3. 工作任务

1）熟悉 T11 故障原因和维修步骤。
2）能够判断故障范围，找出故障点。
3）能够独立进行 T11 故障维修。

4. 工作准备	工作者	检查者
1）准备好相关工具、材料、设备等。		
2）调节示波器幅度和周期旋钮，使 CH1/2 为 2V，Time 为 10ms。		
3）检查直流电源和万用表是否正常。		

5. 工作步骤	工作者	检查者
T11 故障描述：40kHz 信号源故障		
1）检测 E53 芯片有无连锡、虚焊。		
2）用示波器测试 E53 芯片第 3、4 脚是否有 5V 电压；如果没有测 7805 是否输出 5V 电压。		

3）晶振是否工作正常，测 E53 第 6 脚是否有正弦波信号：①如果没有正弦波但有 2V 电压，则晶振坏；②如果没有 2V 电压则 E53 芯片不良；③如果高于 2.5V 电压或晶振信号不正常，检查 C24、C35 有无虚焊、连锡、少料、错料等。

信号故障维修

4）测 E53 芯片 13 脚、3 排孔或 OUT 测试点有无 40kHz 输出，如果没有检查 3P 排插 Q36、3 排孔有无连锡。

5）其他原因，则检查 C11、C13、R25、R54、R63 有无连锡、虚焊、错料。

6）测试点问题。

6. 结束工作	工作者	检查者
1）把维修合格板、待维修板、维修不合格板用托盘进行分类摆放，并做好标示。		
2）关闭 12V 直流电源和示波器，把工具、仪器摆放整齐。		
3）进行 6S 整顿。		
4）归还相关工具，仪器设备，关闭维修拉电源。		

7. 评价反馈

1）产品验收。按照表 3-3-2 倒车雷达主板故障维修评分表对本任务进行评分和验收。

表 3-3-2　倒车雷达主板故障维修评分表

序号	主要内容	考核要求	评分标准	配分	扣分	得分
1	维修前准备	正确着装和佩戴好静电手环；合理选择设备、工具和耗材	1. 做好维修前准备，不清点设备、工具和耗材，每处扣 2 分； 2. 不正确着装和不做好防静电措施，每处扣 2 分	15		
2	维修	正确操作仪器设备对电路进行维修；准确判断故障点；维修后，电路通电工作正常，各项指标符合要求	1. 仪器设备使用不正确或不熟练，每处扣 2 分； 2. 无法准确判断故障点或故障范围，每处扣 5 分； 3. 电路通电工作不正常，各项指标不符合要求，酌情扣 5～10 分	60		
3	统计维修数据	正确统计检测数据，包含维修合格率、不合格率、维修总数等	1. 数据统计缺项，每处扣 2 分； 2. 数据统计不认真、不准确、不完善，每处扣 2 分	15		
4	安全文明生产	严格按照工卡作业；遵守操作规程；尊重考评老师，讲文明礼貌；考核结束要清理现场	1. 各项考试中，违反安全文明生产考核要求的任何一项扣 2 分，扣完为止； 2. 当考评老师发现考生有重大事故隐患时，要立即予以制止，每次扣考生安全文明生产 5 分	10		
合计				100		
考评老师签字：				年　月　日		

《电子产品生产与检测》实操工卡

2）倒车雷达主板信号源故障 T11 代码维修过程异常情况记录（表 3-3-3）。

表 3-3-3　倒车雷达主板信号源故障 T11 代码维修过程异常情况记录表

倒车雷达主板信号源故障 T11 代码维修过程异常情况记录	整改措施	完成时间	备注

备注：倒车雷达主板信号源故障 T11 代码维修过程异常情况指仪器设备损坏、故障范围扩大和电路板报废等。

3）查阅相关资料和小组讨论，简述倒车雷达主板信号源故障维修过程中应注意哪些问题。

_____

_____

_____

_____

_____

_____

_____

_____

随手笔记

《电子产品生产与检测》实操工卡

班级		工作卡号	I&R-04	共 4 页　第 1 页

工卡标题	倒车雷达主板电源故障 T31 代码维修				
课程	电子产品生产与检测		工作区域	维修线	
版本	V2.1		课时	2	
组别			组员		
编写 / 修订		审核		批准	
日期		日期		日期	
工作 情境描述	某企业承接了一批 HF 系列倒车雷达主板的维修任务，请按照相应的企业生产标准完成该产品的维修，恢复该产品的功能、满足相应的技术指标，并正确填写相关技术文件或测试报告。使学生掌握电子产品维修的常用方法与技巧，能够独立完成倒车雷达主板的常见故障维修任务，能够独立完成其他小型电子产品的常见故障维修任务。				
工作目标	1. 掌握电子产品维修的常用方法与技巧。 2. 能够独立完成倒车雷达主板的常见故障维修任务。 3. 能够独立完成其他小型电子产品的常见故障维修任务。 4. 能够在技术人员的指导下完成大型电子产品的质量检测与维修。				
思政目标	1. 通过倒车雷达主板的故障维修，培养学生的质量意识和风险意识。 2. 通过企业真实产品的故障维修案例，培养学生的成本意识和责任意识。				

1. 获取资讯

引导问题 1：简述倒车雷达主板 T33 故障的维修方法。

_____

_____

_____

引导问题 2：简述倒车雷达主板通道故障的维修方法。

_____

_____

_____

引导问题 3：简述万用表测电压的步骤和注意事项。

测电压步骤：_____

_____

_____

注意事项：_____

_____

引导问题 4：电子产品的故障分类有哪些？

_____

_____

《电子产品生产与检测》实操工卡

2. 列工具、设备、材料清单

根据倒车雷达主板电源故障 T31 代码维修，结合实际情况，请填写表 3-4-1 倒车雷达主板电源故障维修所需工具、设备、材料清单。

表 3-4-1　倒车雷达主板电源故障维修所需工具、设备、材料清单

类别	名称	规格型号	单位	数量	备注
设备					
设备					
工具					
工具					
工具					
材料					
材料					

3. 工作任务

1）熟悉 T31 故障原因和维修步骤。
2）能够判断故障范围，找出故障点。
3）能够独立进行 T31 故障维修。

4. 工作准备	工作者	检查者
1）准备好相关工具、材料、设备等。		
2）调节示波器幅度和周期旋钮，使 CH1/2 为 2V，Time 为 10ms。		
3）检查直流电源和万用表是否正常。		

5. 工作步骤	工作者	检查者
T31 故障描述：+5V、+8V 电源故障。		
1）检查红色 2P 排插是否有 12V 电压输入。		
2）检查 M1 二极管是否有 11.3V 电压输出，如果没有，则二极管坏或虚焊。		
3）检查电感是否有 11.3V 电压输出，如果没有，则电感坏或虚焊。		
4）检测 REF 有无 4V 电源，如果没有，检查 78L08 有无错件和连锡，DI 接口或 3P 排插有无连锡。	电源故障维修	
5）检查 IC 座是否连锡。5V、8V 电压正常，电流偏大（约 80mA），此故障为中周接地短路。		
6）其他原因：C46、C7、R60、R61、R50、C26、C30、R4、R58 有无连锡、虚焊。		
7）测试点问题。		

6. 结束工作	工作者	检查者
1）把维修合格板、待维修板、维修不合格板用托盘进行分类摆放，并做好标示。		

| 班级 | | 工作卡号 | I&R-04 | 共4页　第3页 |

2）关闭 12V 直流电源和示波器，把工具、仪器摆放整齐。		
3）进行 6S 整顿。		
4）归还相关工具、仪器设备，关闭维修拉电源。		

7. 评价反馈

1）产品验收：按照表 3-4-2 倒车雷达主板故障维修评分表对本任务进行评分和验收。

表 3-4-2　倒车雷达主板故障维修评分表

序号	主要内容	考核要求	评分标准	配分	扣分	得分
1	维修前准备	正确着装和佩戴好静电手环；合理选择设备、工具和耗材	1. 做好维修前准备，不清点设备、工具和耗材，每处扣 2 分； 2. 不正确着装和不做好防静电措施，每处扣 2 分	15		
2	维修	正确操作仪器设备对电路进行维修；准确判断故障点；维修后，电路通电工作正常，各项指标符合要求	1. 仪器设备使用不正确或不熟练，每处扣 2 分； 2. 无法准确判断故障点或故障范围，每处扣 5 分； 3. 电路通电工作不正常，各项指标不符合要求，酌情扣 5 ～ 10 分	60		
3	统计维修数据	正确统计检测数据，包含维修合格率、不合格率、维修总数等	1. 数据统计缺项，每处扣 2 分； 2. 数据统计不认真、不准确、不完善，每处扣 2 分	15		
4	安全文明生产	严格按照工卡作业；遵守操作规程；尊重考评老师，讲文明礼貌；考核结束要清理现场	1. 各项考试中，违反安全文明生产考核要求的任何一项扣 2 分，扣完为止； 2. 当考评老师发现考生有重大事故隐患时，要立即予以制止，每次扣考生安全文明生产 5 分	10		
	合计			100		
	考评老师签字：				年　月　日	

2）倒车雷达主板电源故障 T31 代码维修过程异常情况记录（表 3-4-3）。

表 3-4-3　倒车雷达主板电源故障 T31 代码维修过程异常情况记录表

倒车雷达主板电源故障 T31 代码维修过程异常情况记录	整改措施	完成时间	备注

备注：倒车雷达主板电源故障 T31 代码维修过程异常情况指仪器设备损坏、故障范围扩大和电路板报废等。

3）查阅相关资料和小组讨论，简述倒车雷达主板电源故障维修过程中应注意哪些问题。

_____

_____

_____

_____

_____

_____

_____

_____

随手笔记

参考文献

[1] 龙绪明. 电子 SMT 制造技术与技能 [M]. 北京：电子工业出版社，2012.

[2] 王卫平，陈粟宋. 电子产品制造工艺 [M]. 北京：高等教育出版社，2005.

[3] 廖芳. 电子产品制作工艺与实训 [M]. 3 版. 北京：电子工业出版社，2012.

[4] 王文利，闫焉服. 电子组装工艺可靠性 [M]. 北京：电子工业出版社，2011.

[5] 何丽梅. SMT：表面组装技术 [M]. 2 版. 北京：机械工业出版社，2019.

[6] 北京普源精电科技有限公司. DS1072E-EDU 型数字示波器使用手册 [CD]. 2015.

[7] 北京普源精电科技有限公司. DG1022 型函数信号发生器使用手册 [CD]. 2015.

[8] 陈学平. 电子元器件识别检测与焊接 [M]. 北京：电子工业出版社，2013.

[9] 门宏. 怎样识别和检测电子元器件 [M]. 2 版. 北京：人民邮电出版社，2019.

[10] 蔡跃. 职业教育活页式教材开发指导手册 [M]. 华东师范大学出版社，2020.